1分钟深度思考法

如何快速、深入地进行哲学式思考

[日] 小川仁志◎著

张永◎译

华龄出版社

HUALING PRESS

图书在版编目（CIP）数据

1分钟深度思考法：如何快速、深入地进行哲学式思考 /（日）小川仁志著；张永译 . -- 北京：华龄出版社，2023.5

ISBN 978-7-5169-2517-1

Ⅰ . ① 1… Ⅱ . ①小… ②张… Ⅲ . ①思维方法 Ⅳ . ① B80

中国国家版本馆 CIP 数据核字（2023）第 066408 号

| 策划编辑 | 安斯娜 | 责任印制 | 李末圻 |
| 责任编辑 | 郑 雍 | 装帧设计 | 末末美书 |

书 名	1分钟深度思考法：如何快速、深入地进行哲学式思考		
作 者	（日）小川仁志		
出 版	华龄出版社		
发 行	HUALING PRESS		
社 址	北京市东城区安定门外大街甲 57 号	邮 编	100011
发 行	（010）58122255	传 真	（010）84049572
承 印	天津睿和印艺科技有限公司		
版 次	2023 年 7 月第 1 版	印 次	2023 年 7 月第 1 次印刷
规 格	880mm×1230mm	开 本	1/32
印 张	6	字 数	106 千字
书 号	ISBN 978-7-5169-2517-1		
定 价	49.80 元		

前 言

当今时代，需要快速且深入思考的能力

现在人们常说"我们生活在新型冠状病毒感染疫情（以下简称新冠疫情）时代之中。"什么是"新冠疫情时代"？可以说这是个"前方一步都无法预测"的时代。在新冠疫情时代中，接二连三地出现前所未有的事态，我们必须不停地应对这些事态。自从世界卫生组织（WHO）宣布新型冠状病毒感染（以下简称新冠病毒感染）为全球性大流行病以来，我们的生活就像坐上了过山车，每天都迎来激烈的变化。

在各种各样的场合，每个人都需要不断地适应变化，令很多人觉得身心俱疲。然而，即便没有新冠疫情，互联网、AI（人工智能）、IoT（物联网）、DX（数字化转型）等新生事物也在不断要求我们变化。而且要求变化的速度还在不断提升。

那么，变化如此激烈的时代最需要什么呢？那就是"**快速且**

深入思考的能力"。这种能力不仅限于商务场合，还适用于方方面面。新生事物不断涌现，我们需要迅速适应，没有时间慢悠悠地做判断，更没有时间坐下来慢慢开会讨论。此外，从错综庞杂的信息中找出自己想要的东西，也并非易事。好不容易找到的信息，也往往立刻就过时了。而且不仅是速度很重要，如果缺乏深度，也会遭到淘汰。其实一直以来，随着科技的发展，人类就不断需要具备快速且深入思考的能力。随着新冠疫情的暴发，这种能力成了决定性的力量。

本书的标题是《1分钟深度思考法》，是让您掌握：在短短1分钟之内，进行深入思考的"哲学式思考"的方法。具体内容将在本书正文中进行讲解。**哲学虽然是进行"深度思考"的工具，但其实哲学也有助于进行"快速思考"**。由于哲学是一种研究"难题"的学科，所以很多人或许会认为哲学"高深莫测"。但其实哲学的思考步骤非常简单，可以应用到任何问题之中。

在本书中，为了让大家掌握哲学式的思考，我除了介绍其方法技巧之外，还列举了许多例子。这些例子包括：日常生活中的疑问（例如，"酒究竟是什么？"等），以及一些普遍性的问题。这些例子，都是我本人进行哲学式思考的实际例子。我坚信：哲学式思考将会革新各位读者思考（看待事物）的方式，在这个纷繁复杂的时代中为您带来更多的光明。

目 录

0 **1分钟深度思考**
开始前的导读讲解

1 **新冠疫情暴发后的疑问**
关注那些不断变化的事物

2 对日常事物的疑问
审视日常的事物探究其本质

3 商务方面的疑问
换个视角看法也会不同

4 哲学方面的疑问
用自己的语言解构宏大的命题

0

1分钟深度思考

∨

开始前的导读讲解

我们为什么需要"1分钟深度思考法"？

正如前言中所叙述的，本书的目的是让您掌握：在"1分钟"的短时间内，快速、深入地思考事物的能力。

为了达到这个目的，我们需要运用"哲学"的思考方式作为工具。一听到"哲学"这个词，大概很多人会心生疑问："真的能在1分钟之内，用哲学的方式思考吗？""事先不具备庞大的知识量，怎么行得通？"

我最先想告诉大家的就是，其实哲学的思考步骤非常简单。具体包括以下的3个步骤：

①质疑

②转变视角

③重新构筑

而且，无论是思考什么样的问题，基本上都是通过这3个步骤。**无论是费时耗力地思考难解的命题，还是在短时间内找出某个问题的答案，基本的思考步骤都是共通的。**

当然，如果具备广博的知识，就可以从更宽广的视角审视事物。但本书的目的，并非广泛地获取知识，而是让您熟练掌握哲学式的思考步骤，并让它成为您思考问题的工具。

如果只是学习思维方式，那么听起来是不是简单多了？下面我将更具体地进行讲解。

"思考"究竟是什么？

首先，我们从"思考究竟是什么？"这个问题开始。面对这个问题，大家的脑中大概是这样理解的：所谓思考就是针对某个主题，开动脑筋思考它究竟是什么，它为什么是这个样子，等等。

这种想法并没有错。然而，如何开动脑筋进行思考是问题的关键。当人们产生疑问并思考其原因的时候，常常心怀"为什么？"等疑问。因为如果不这样，就无法开始思考。然而，如果您认为这是理所当然的，也就不会有思考。

所以，首先产生疑问，才是思考过程的开始。在这基础上，才会开动脑筋进行各种各样的思考。例如，那个究竟是什么？为什么会这样？等等。上述的"各种各样"则是思考的下一个阶段。

"各种各样"，换一种表达方式就是"通过各种视角"。是的，**当我们对一个事物不太了解的时候，就会从各种不同的视角审视这个事物。或者反过来说，如果不这样做就无法理解未知的事物。**

假设你在一片黑暗中，看到了类似鬼怪或幽灵的东西。转瞬间，你产生了"那个会不会是鬼？"的疑问。紧接着你就会快速地思考，那个究竟是什么？因为无法理解的未知事物总是可怕的。你会快速地思考："会不会是某些东西的影子？""会不会是某种动物？""会不会是光的反射造成的？"，等等。

如上所述，将各种视角获得的信息进行整合，重新构筑起新的信息，最终引导出答案。这便是"思考"的整个过程。这个过程如果做得扎实、有条理，就是有深度的思考，或是全面的思考。相反，如果不充分、不扎实，则是肤浅的思考。

而且，上述的过程，也正是哲学的过程！**哲学绝不是让人听得云里雾里的高谈阔论，哲学本身就是思考。**然而这样一说，或许有些人会略感失望。如果哲学仅仅是和思考相同的东西，那么似乎缺少了一些"高大上"的光环。

单纯的思考与哲学式的思考之间的区别

为了鼓励那些略感失望的人，我要告诉大家：哲学与单纯的思考之间确实存在一些区别。简单来说，就是思考的广度和深度存在区别。当人们全面、深刻地思考的时候，其实已经无限接近哲学了。但是，进行单纯的思考时，即便用各种不同的视角重新审视事物，其广度和深度与哲学依然存在差距。例如，用"〇〇的视角"审视面前的电脑。一般情况下，填入〇〇中的东西都不会超出人们的日常常识。例如"用老人的视角""用宠物猫的视角"，或者再有创意一些，"用外星人的视角"，等等。

然而换成哲学，则会采用更奇特、更异次元的视角进行审视。例如"用水的视角""用亲情的视角""用数字6的视角"，等等。这是单纯的思考与哲学的思考之间广度上的不同。

关于深度，也是同样。针对"为什么会这样？"，哲学会进行彻底的思考。这里所说的彻底的思考，是指运用尽可能多的理论，而不是单纯的思考时间的长短。哲学不会用模棱两可的理论蒙混过关，而是不断围绕"为什么会这样？"进行思考，直到满意为止。

因此，我经常这样说：**单纯的思考是在常识的框架内进行的，而哲学式的思考则需要"超越常识的框架"**。我认为这是两者之间的重大区别。具体是什么样的情况，大家阅读本书正文的过程中会逐渐明白。现在先有一个概念即可。

1分钟的时间如何分配使用？

针对1分钟的时间应该如何分配使用，在结束导读讲解之前，我想向大家展示一下1分钟的理想分配方案。我在前面介绍了哲学思考的3个步骤，在此基础上再添加2个思维训练的步骤，如下所示（请参考P8的图）。

01 描绘概念　　　5秒

02 质疑　　　　　5秒

03 转变视角　　　20秒

04 重新构筑　　　20秒

05 用语言表述　　10秒

首先，看到主题（问题）后，在脑中描绘关于这个主题的一般性的概念（定义）。

然后，质疑这个概念（定义）。刚开始的时候，只要想"或许不是这样？"就可以。

接下来，要用至少3个不同的视角，重新审视这个主题。例如，用相反的视角审视，用毫不相关的东西的视角审视，用自己熟悉的某种东西的视角审视，等等。自己熟悉的东西可以是任何东西，例如自己的工作、自己的兴趣，等等。

虽说如此，如果没有任何参考，凭空想象似乎有一定的难度。所以，在本书的正文中，我会将我本人的视角，作为参考介绍给大家。另外还有一项重要参考，就是在每个主题的下方，会添加一些哲学家的思考方法及简介。对著名哲学家的思考方法感兴趣的朋友，可以先阅读一下这些参考内容。

然后接下来，主题已经被用不同的视角重新审视过，还需要对这个主题进行重新构筑。此时您大概会注意到："一开始我是这么想的，但实际并非如此。"因此，将新获得的认识总结出来即可。

最后请将这些表述成语言，类似于给主题重新下定义。

用语言表述，也是哲学的一个重要的关键点。我经常说的一句话就是：思考如果不用语言表述出来，就不算做过思考。这是因为，人类是一种用语言思考的生物。人类不可能用心灵感应传达想法。而且用语言表述的时候，将其简短地总结成30个字左右（尽量做到朗朗上口），也非常关键。将自己的思考成果尽量总结得简短，是一种极佳的思维训练方法。

1分钟的时间如何分配使用？

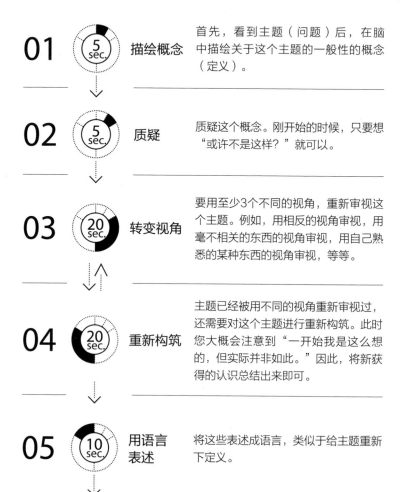

01 5 sec. 描绘概念

首先，看到主题（问题）后，在脑中描绘关于这个主题的一般性的概念（定义）。

02 5 sec. 质疑

质疑这个概念。刚开始的时候，只要想"或许不是这样？"就可以。

03 20 sec. 转变视角

要用至少3个不同的视角，重新审视这个主题。例如，用相反的视角审视，用毫不相关的东西的视角审视，用自己熟悉的某种东西的视角审视，等等。

04 20 sec. 重新构筑

主题已经被用不同的视角重新审视过，还需要对这个主题进行重新构筑。此时您大概会注意到"一开始我是这么想的，但实际并非如此。"因此，将新获得的认识总结出来即可。

05 10 sec. 用语言表述

将这些表述成语言，类似于给主题重新下定义。

从质疑到语言表述自己的思考，请大家在完成这整个过程的同时，给自己做1分钟倒计时。或许对于某些人，1分钟都显得太长。但如果思考过程短于1分钟，就和单纯的直观感受（或临时的感想）没什么区别了。所以大家需要明确：**进行"深刻的思考"，最短也需要1分钟的时间。**

所以，如果太早得出答案，您就需要想想"是否还可以从别的视角进行思考？""自己的结论是否仅仅是大众普遍的想法而已？"然后继续深挖，进行更深层次的思考。如果一个人仅仅是展示自己已经掌握的知识，那就和思考停滞没有太大的区别。

在反复实践1分钟思考法的过程中，您的思考速度也会逐渐提升。习惯之后，即使不留意思考的步骤，也能在脑中构建整个流程，最终的答案也能自然而然用语言表述出来。当这一切都实现的时候，周围的人肯定会对您刮目相看，认为您是"有思想的人"。因为思考最有价值。

各位读者应该已经明白哲学式思考的方法和步骤了吧？那么如何进行实践呢？大家可以先参考本书中我的实践例子。这些例子都是我实际进行1分钟思考之后，将其归纳为容易理解的1000字左右的文章。大家可以针对各个主题，先用尽量短的时间（最终的目标是1分钟）完成整个思考过程，然后再阅读我的例子中的示范答案。

学习任何事情，最初都要靠模仿。随着大家逐渐思考、阅读，或许就会有一些读者"质疑"我的例子，并得出更佳的思考结论。果真如此的话，将是作者无上的荣幸。

最后再补充一点。**哲学式思考的另一个特征就是"质疑"。**本书中涉及的质疑的主题，包括：第1章"新冠疫情暴发后的疑问（不断变化的事物）"；第2章"对日常事物的疑问（探究日常事物的本质）"；第3章"商务方面的疑问（换个视角，看法也会不同）"；第4章"哲学方面的疑问（普遍且宏大的命题）"。这些主题涉及多个领域，覆盖范围很广。因为我想告诉大家：无论针对什么样的主题，都可以使用同一种模式进行思考。而且，大家必定可以体会到"质疑"各种事物的乐趣。

导读讲解到此结束，接下来就只剩下实践。请允许我再次强调：思考必须靠实践，不能只看别人思考完的结论。如果只看别人的成果，那么就和在谷歌上检索、用AI分析没有任何区别。本书的目标归根结底，是让大家学会用1分钟时间进行有效的思考。

"1分钟深度思考法"马上开讲！

1
新冠疫情暴发后的疑问

$\vee$

关注那些不断变化的事物

变化究竟是什么？

巴门尼德认为：依靠感觉的思考方法只是人们的错觉而已，是错误的。从而他提出了"存在者存在，不存在者不存在"这一根本性的命题。也就是说，宇宙中存在的所有东西全是"存在者"，而"不存在者"根本就不存在。因此，如果宇宙中的所有东西都是"存在者"，那么就必然有某种普遍联系的东西存在。如此一来，运动和变化也就不可能发生了。于是我们感受到的变化的存在就被否定了。

巴门尼德
Parmenidēs
（公元前500年左右—？）
古希腊哲学家。
爱利亚学派代表。

参照3点提示

01　是否连本质也变了？

02　是否发生了永久的变化？

03　巴门尼德提出的"存在者存在，不存在者不存在"是什么意思？

思考1分钟

在不使用"变化"这个词语的情况下，来解释说明变化这一现象，确实颇有难度。我在日常生活中认为，变化就是形状和性质从一种状态转移到另一种状态。质疑这些很有难度，但让我们尝试一下吧。

首先让我们换个视角看看。例如变色龙，这种生物可谓是变化的代名词，因为它们可随意转变身体的颜色。然而实际上，变色龙的体内本来就有各种各样的色素细胞，根据光照等外部环境的影响，变色龙的皮肤自然会搭配出不同的色素组合。呈现出的效果就是它身体的颜色变了。也就是说，变色龙本身并没觉得自己变了。而是在观察者看来，觉得变色龙发生了变化。

错视也是同样的道理。有些绘画作品，只需换个角度观看，就可呈现出完全不同的图案。同样的，绘画作品并没有任何变化。只不过是我们认为它变了而已。**从视觉上来讲，我们确实看到了不同的东西，但也可以说是我们只看到了不同的部分。**

人的性格也是如此。有些人性格变了，有些人性格从来不变。自然风景也是如此。所以事物的变化，或许要取决于观看者的态度及心情。

另外说到变化，还有一种视角就是：连本质也变了吗？或者仅仅是表面的变化？当前人们常说，因为新冠疫情各种各样的事物都发生了变化。但关键是，这些事物是否连本质都改变了？虽然具体事物要具体分析，但如果一个事物只是形式发生了变化，那么就仅仅是表面的变化而已，完全用不着大惊小怪地说世界改变了。

还有就是时间的视角。是发生了永久性的变化？或者仅仅是一时的变化？如果只是一时的变化，那么从长远眼光来看，有些事情甚至都称不上有变化。时代的变化正是如此。前一段时间在日本，人们热衷于讨论"如何看待日本的平成时代①"。很多人认为从整体来看，平成时代是一个没有战争的和平时代。然而，平成时代明明发生过很多巨大的变化，例如奥姆真理教②、阪神大地震③，等等。

综上所述，我认为变化是一个相对的东西。古希腊哲学家巴门尼德提出了"存在者存在，不存在者不存在"的命题。这个命题一语道出：相信有变化的人类的感觉是谬误。实际上并没有发生任何变化，或者只是发生了**忽左忽右的往复运动**。如果只着眼于往复运动中的动作，或者只着眼于往复运动中到达的某一点，那么就会觉得有某种东西发生了变化。然而从整体来看，其实什么都没有变。我认为变化就是这样的一种现象。

所谓变化，就是着眼于往复运动的事物的某一部分。

---

① 平成时代："平成"是日本第125代天皇明仁的年号，平成时代是指1989年1月8日至2019年4月30日这一段时期。

② 奥姆真理教：是日本的一个鼓吹世界末日论的宗教团体。1988年至1995年，奥姆真理教在日本制造了各类绑架、杀人、恐怖袭击事件。

③ 阪神大地震：又称神户大地震，是指1995年1月17日发生在日本关西地区的大地震，规模为里氏7.3级。

With Corona究竟是什么?

德国哲学家黑格尔提出辩证法,最初本来是作为事物发展的理论而提出的。但当发生问题时,辩证法也可以作为一种思考方法,达到克服问题并进一步上升到更高层次的效果。这需要通过扬弃的方法实现:即针对互不相容的2个对立的矛盾,并不摒弃任何一方,而是令其发展。这样一来,便可寻找出更好的解决方法。也就是说,辩证法是一种创造出第三种解决途径的方法。

格奥尔格·威廉·弗里德里希·黑格尔
Georg Wilhelm Friedrich Hegel
(1770—1831)
德国哲学家。
德国唯心主义哲学代表人物。

参照3点提示

01　英语中with的意思是什么？

02　我们真的认为"with Corona"是一种糟糕的事态吗？

03　黑格尔的辩证法是什么？

思考1分钟

大家看到"with Corona"，一般都会按照字面意思将其理解为：与新型冠状病毒（以下简称新冠病毒）共存，寻找与新冠病毒共同生活的方法。其实"with Corona"，是指在疫苗普及、新冠病毒得到根治之前一段时期内的生活方式。但我仍试着对它进行质疑。

首先，如果英语中的"with"按照字面解释是"和……一起"的意思，那么这就是指一种协同的关系。例如，"我和你一起努力奋斗"等。当然，没人想和新冠病毒一起努力奋斗。但如果我们转换为这样的视角，会怎么样呢？

如此一来，新冠病毒就变成了我们的伙伴，成为一起突破困难局面的合作者。**其实仔细一想，在新冠疫情的促使下我们在许多领域都取得了进步。**远程办公就是其中的一个好例子。新冠疫情暴发之前，远程办公很难真正实现。但在新冠疫情的促使下，远程办公已越来越成为常态。

按照这个思路思考，我们似乎可以更积极地看待新冠病毒。实际上，英语中的"with"除了"和……一起"的意思之外，还有"使用……"的意思。因此，with Corona还可以理解为"使用、借助新冠疫情"。灵活运用上述的视角，重新构筑with Corona的含义，就会发现：我们不一定要被动地忍受与新冠病毒的共存。我们还可以积极地将新冠病毒当作伙伴、工具，努力创造机遇让社会变得更加美好。

实际上，当我们说"with Corona"这个词时，心中并非全是负面的忍耐和沮丧，其中还包含着某种希望和期待。这应该就是积极看待新冠疫情的一种表现形式。在新冠疫情暴发之前，我们就已经面对各种问题，其中就包括工作方式多样化的改革。然后新冠疫情暴发了，正如前面所叙述的，借助新冠疫情远程办公得到了迅速普及。

德国近代哲学家黑格尔的辩证法主张：不要摒弃问题，而是积极地接纳它，并将其转变为有益的东西。按照这个思路思考，with Corona所带来的种种负面影响，也能很好地转变为有益的东西。当然，这需要我们发挥聪明才智。

综上所述，with Corona也可以理解为：借助新冠疫情，让社会向好的方向转变。没错，"with Corona"这个词的本质是人们的一种愿望，希望借助新冠疫情来大胆地改进整个社会。

with Corona，就是人们"希望借助新冠疫情大胆改进社会"的一种愿望。

全球性大流行病究竟是什么？

理查德·佛罗里达提出了"大重置"的概念。经历过大的经济危机之后社会进行恢复，这一时机则被称作大重置。佛罗里达认为在过去的150年，至少发生过3次大重置。第一次发生在1870年代（世界经济危机）、第二次发生在1930年代（大萧条）、第三次则是2008年的次贷危机。次贷危机之后佛罗里达提出了大重置的概念，并提出了应对方案。他认为：如果能重视每个人的创造力，世界就可度过危机，并朝着更好的方向重置整个社会。

理查德·佛罗里达
Richard L. Florida
（1957—　）
美国社会学家。
专门从事城市社会学
研究。

参照3点提示

01　除了疾病的传染，还有什么影响？

02　对于社会，有哪些正面的影响？

03　与理查德·佛罗里达所说的"大重置"有何关联？

思考1分钟

所谓"全球性大流行病"，就是指某种传染病在世界范围内大规模传播。也就是病毒等病原体引起的疾病迅速传播蔓延。当前的新冠疫情完全符合上述的描述。过去人类也经历过许多痛苦不堪的全球性大流行病，例如SARS、鼠疫等。

然而，我们的痛苦，并不一定直接来源于被疾病感染。例如现在的我，虽然并未感染新冠病毒，但我同样很痛苦。因为我的生活受到了诸多限制，我还时常担心自己或家人感染新冠病毒。

因此可以说，全球性大流行病最大的问题，不一定是直接被病毒感染。由此引发的社会机能瘫痪，以及造成的恐慌，对为数众多的人造成了不小的困扰。也就是说，人们的生活节奏被严重扰乱，这是个重大的问题。

在全球范围内频繁发生封城、紧急事态宣言等状况，经济发展被迫停滞。受此牵连，许多人失业、许多店铺停业、甚至有不少人的心理和精神状态出现了问题。因此开始有人呼吁，停止经济发展反而比传染病更致命。

进一步转变视角，可以说：**因为全球性大流行病，理所当然的事情变得不再理所当然，人们被迫适应新的生活方式。**特别是由于新冠病毒的传染性极强，在疫苗普及之前，唯一的对策就是减少人与人之间的接触。因此，过去生活中常常与人接触的人，就必须适应以非接触为前提的新生活，就必须思考以非接触为前提的新工作方式。但是，这些并非只带来负面的影响。或许新的工作方式效率更高，或许以此为契机反而大胆尝试了过去不敢尝试的东西。其中典型的例子，就是以远程办公为首的工作方式的改革。

另外，现在还有人主张，将全球性大流行病作为"大重置"的机遇。大重置这一概念，本来是城市社会学家理查德·佛罗里达于2008年的次贷危机之后提出来的。现在可以看到，全球性大流行病确实已经成为大幅度改变社会的一个契机。所以2021年度世界经济论坛（达沃斯论坛）的主题就是全球性大流行病，这绝非偶然。

综上所述，全球性大流行病已经超越了单纯的传染病，**它强制性地扰乱了人们日常生活的节奏，但也可看作是实行大变革的良好契机。**或许可以说，全球性大流行病是通过传染病这个手段强制性地改变世界。

全球性大流行病，是以传染病为手段，强制性地改变整个世界。

新常态究竟是什么？

在孔子所宣扬的儒家思想中，礼是最重要的内容之一。礼是维持社会秩序的道德规范，因此礼必须发自一个人的内心。孔子认为：一个人为了能够真正具备礼，必须在日常生活中时时刻刻地修身，规范自己的言行，从而达到知礼的境界。因此，从细小的习惯开始做起，通过一点一滴的积累，人便可以拥有较高的德行。具备礼的人之所以了不起，是因为他面对不同的状况时，可以正确地处理和应对。

孔子
（公元前551—前479）
中国古代思想家、
哲学家。
儒家学派创始人。

参照3点提示

01　新常态是什么意思？

02　常识发生改变，是不好的事情吗？

03　孔子所倡导的"礼"，是什么？

思考1分钟

　　"新常态"这个词，是对英语"new normal"的翻译。目前常说的新常态，主要是指新冠疫情扩散之后（日本人）新的生活方式。正如国家疾病预防控制中心所要求的，公共场合人与人之间最好保持2米距离，公共场合必须佩戴口罩，最好使用远程办公的工作方式等。上述这些都属于新冠疫情暴发后的新的生活方式。

然而，"new normal"这个词，其实并不是新出现的英文词汇。此前但凡有巨大的社会变化时，就常常用到"new normal"这个词。次贷危机之后，经济、社会构造不可避免地发生变化，那个时候就用到过"新常态"这个词。

也就是说，**新常态其实并不新。新常态只是表示常识发生了改变**。但常识发生了改变，毫无疑问是很重要的大事。当前因为新冠疫情而导致的生活、社会的改变就是如此。

总之，新常态带来的不一定全是不好的东西。人与人需要隔开距离、公共场所必须佩戴口罩，这些都有些不方便。但正如前面所叙述的，远程办公的发展也为许多人带来了便利。古旧的传统、恶劣的旧习，当这些不良的常识改变后，社会将向着更好的方向发展。这样的例子不胜枚举。其实，随着社会的进步，常识发生改变是常有的事情。拿日本举例来说，古代受到封建思想的影响，人们在性别、年龄方面受到许多的限制。但现在那些旧习基本已经全部消失。

这些变化都是缓慢、逐渐地发生的，所以并未造成什么问题。然而，如果有一天突如其来地将这些变化施加到我们身上，一时间必定难以承受。首先心理上没有做好准备，其次社会的基础设施、规章制度等也没有准备妥当。于是便会狼狈不堪。

说起来，中国儒家思想的创始人孔子，就曾经提出通过每日的积累来获得提高和改变。他倡导的积累的方法就是礼。关键是改变的速度，不能过于迅速激烈。

因此，当前我们口中所说的新常态，其本质并非单纯指新的常识，而是指突然之间被强加到我们身上的新的常识。这一点十分重要。这就如同在世道多变的日本江户时代①，官府突然贴出触书②宣布一条新的规章制度，百姓们必须立刻照章执行。因此可以说，**只要能够适应，新常态就会变成普通的常态。**

所谓新常态，就是突然被强加到头上的现代版的触书。

---

① 江户时代：江户时代（1603—1868），是日本历史上武家封建时代的最后一个时期。
② 触书：日本江户时代的幕府或藩主发布的一种告示文书，用来向一般民众传达命令等。

聚集究竟是什么？

柏拉图认为事物的本质是"idea（理念）"，而理念只存在于"idea世界（理念世界）"之中。人类感官所接触到的所有东西都将消亡，只有理念是永恒不变的。而且人类感官所接触到的这个现实世界，只不过是理念世界的微弱的影子。所以为了真正了解事物的实质，人类只有运用理智才能达到目的。如上所述，柏拉图提出了现实世界、理想世界的二元论的世界观，并倡导人们追求理想的世界。

柏拉图
Platōn
（公元前427—前347）
古希腊哲学家。
留有许多关于苏格拉底
哲学的著述。

参照3点提示

01 在虚拟空间中聚集，是什么意思？

02 聚集起来究竟是什么？

03 柏拉图所说的"idea（理念）"是什么？

思考1分钟

我们一般所说的"聚集"，是指：一定数量的人，因为某个目的前往某个特定的场所。但在新冠疫情暴发之后，许多词语的意义发生了变化。同样地，"聚集"这个词的意义，也发生了巨大的变化。

现在我在大学里只要跟学生们说"请大家聚集到一起"，必定会有学生问"是面对面的聚集吗？"这是因为，现在只要说到聚集，一般都是指在网络的视频会议平台上聚集到一起。

其实仔细想想，不论新冠疫情是否暴发，在当今这个网络的时代，在网上的虚拟空间中聚集的现象变得越来越多。现在经常用到云存储，所谓云存储并不是将数据存储在某个特定的位置，而是存储在网络上的任意可能的位置。**不在某个特定的场所，而是聚集在任意可能的位置。那么究竟是聚集了？还是没聚集？变得完全无法判断。**但这确实是当今"聚集"这个词表现出的一个侧面。

刚才提到的网络视频会议平台也是如此，自己明明没有移动，却被瞬间转移到某个视频会议的房间。这是非常奇异的现象。自己明明没有聚集，但转瞬之间却已经和别人聚集在一起。转而关注物品，就会发现其实发生了更奇异的现象。例如虚拟货币，它们本来没有实体，却聚集到了一起。电子货币也是同样，人们一般不会觉得电子货币是钱币聚集在一起。我甚至觉得，再过一段时间是不是所有的物质都会消亡？或许将来某一天，世界会变成只剩下感觉的世界。人们只在脑中聚集，物品也只在脑中集中。到了那个时候，"聚集"这个词是否还存在呢？真的不得而知。

古希腊哲学家柏拉图曾提出两个概念：事物的本质是"idea

（理念）"，理念只存在于"idea世界（理念世界）"。他还认为：人类世界的所有事物，只不过是存在于理念世界中的理念的影子。或许"聚集"，也在逐渐成为类似理念的影子一样的东西。然而，**是否真的实际聚集在一起并不重要，聚集起来想做某件事情的意图才最重要**。我觉得这才是聚集的理念。

人们聚集起来，是因为想一起做某件事情。所以只要能够达成聚集，无论是在虚拟空间也好、在现实空间也好，都没有区别。或者根本无须聚集。我认为这才是聚集的本质。综上所述，所谓"聚集"就是：想一起做某件事情的意图，朝一个方向的集中。

所谓"聚集"就是：想一起做某件事情的意图，朝一个方向的集中。

非接触究竟是什么？

梅洛-庞蒂认为：人的身体不仅仅是被意识操纵的工具。恰恰是身体与外界接触，并将所获得的感觉传达给意识。因此，身体是将外界与意识联系起来的重要媒介。在此基础上，梅洛-庞蒂提出了"肉身"的概念。既有"世界的肉身"，也有"身体的肉身"。梅洛-庞蒂认为世界是由"肉身"这一同质的东西所构成。而我们的意识、我们的身体也全部是"肉身"的一个组成部分而已。

莫里斯·梅洛-庞蒂
Maurice Merleau-Ponty
（1908—1961）
法国哲学家。
首次将人的身体作为正式的哲学主题。

参照3点提示

01　真的完全没有接触吗？

02　人真的可以做到彻底不接触任何东西吗？

03　梅洛-庞蒂所提出的"肉身"的概念是什么？

思考1分钟

　　新冠疫情给我们的生活带来诸多变化，其中最显著的大概就是距离。公共场所要求人们保持社交距离，也就是说话、站立时要保持一定的距离。此外为了避免传染，还需尽量减少人与人、人与物的直接接触，提倡非接触。这里提到的非接触，当然也与距离有关。

一般来讲，所谓非接触，就是不触碰、没有接触。但严格来讲，其实并非如此。餐饮外卖以及网络购物虽然看起来没有人与人之间的接触，然而，当购买的商品送到您手中的时候，还是不可避免地发生接触。

所谓非接触，归根结底只是不做直接接触而已。即便我们戴着橡胶手套、身穿防护服，仍会发生接触。在医疗场所等地方，无论如何都会出现与人接触的情况。因此，非接触并不是彻底地不做接触。即便我们戴着手套，但仍会发生接触。即便远程操作医用机器人，让机器人接触患者，但实际上还是发生了接触。

假设所有事情都可以通过电脑键盘和屏幕完成。即便如此，我们还是接触了电脑的键盘和屏幕。实际上在物品流通的整个过程中，某些人在某个过程必然会与他人或物品发生接触。

法国的哲学家梅洛-庞蒂认为人的身体和世界是一体的，并将这一个整体定义为"肉身"。梅洛-庞蒂还认为，身体是将外界与意识联系起来的重要媒介，而这个重要媒介和世界都由相同的要素构成。

初看之下，梅洛-庞蒂的理论似乎很奇特。但只要回想一下前面提到的手套、远距离操控的医用机器人，就能理解其中的意思了。也就是说，当我们的意识向身体传达指令时，如果有其他物体和身体构成一个整体，那么该物体就是身体的一部分。也可以反过来说身体是该物体的一部分。

按照这个思路思考，那么非接触只不过是接触的一种形式而已。只是为了避免触碰病毒的一种安全的接触形式而已。因此，我觉得"非接触"这个词容易引起误解，我经常使用的是"安全接触"这个词。

如果改用"安全接触"这个词，那些以非接触为卖点的行业，便可以进一步地扩展业务。所以，**不要总想着不做接触，应该思考如何安全地接触**。这种想法，应该更符合人类的本质。因为拥有手、足、触觉的人类，天生就是要接触其他人或物品的。

所谓非接触，只不过是一种安全的接触形式而已。

无条件基本收入究竟是什么？

主张实行"无条件基本收入"的学者们，又因立场不同而分为多个派系。比利时的菲利普·范·帕里斯认为所有人都应获得真实的自由，他还自称为"真实自由者"。帕里斯认为：在完全自由的社会中，人们能够从事自己想做的事情。而为了建成完全的自由社会，必须的条件是：保障人的权利、保障人的财产所有权、保障人获得最大限度的机遇。因此，帕里斯认为有必要实行无条件基本收入。

菲利普·范·帕里斯
Philippe Van Parijs
（1951—　）
比利时哲学家，
政治经济学家。

参照3点提示

01　人为了什么而劳动?

02　"无条件基本收入"究竟有什么意义?

03　帕里斯口中的"无条件基本收入"的概念是什么?

思考1分钟

所谓"无条件基本收入"就是指:国家政府无条件地向所有国民发放相同数额的金钱。获得无条件基本收入的国民,其最低限度的收入就有了保障。

关于无条件基本收入的讨论，其历史可追溯到18世纪末。但在现代日本，开始正式讨论无条件基本收入，应该是进入21世纪经济陷入停滞之后。而当前猖獗蔓延的新冠疫情，对本就疲软的日本经济又造成一记重击。以餐饮业为中心的许多人难以获得收入，于是日本政府最终决定向每位国民发放10万日元的补助金。

这正是无条件基本收入的典型例子。然而，由于财源无法解决，补助金只发放了一次，今后是否还会发放不得而知。从长远眼光来看，将来人工智能（AI）会不断创造财富，所以有些人主张以此作为财源来实行无条件基本收入。但科技还没进步到那种程度，所以持慎重观点的人仍占大多数。那么，我们是否应该勉强实行无条件基本收入呢？

赞成或反对无条件基本收入，其实都与劳动的意义究竟是什么有关联。也就是：**人是为了获得相应的报酬而劳动吗？还是人认为劳动本身就有意义？** 如果是前者，那么实行无条件基本收入之后，从事劳动的人、认真劳动的人就有可能锐减。这很可能会削减国力，所以需要消极地看待无条件基本收入。

相反，如果人认为劳动本身就有意义。那么实行无条件基本收入之后，人们就可以有选择地从事自己喜欢的工作。这样，无条件基本收入显然带来了积极的影响。

　　例如，比利时哲学家菲利普·范·帕里斯就认为：在完全自由的社会中，人们能够从事自己想做的事情。而为了建成完全自由的社会，需要保障人获得最大限度的机遇。因此，帕里斯提倡实行无条件基本收入。

　　他的视角非常重要，人生下来不光为了赚钱生活，人生下来是为了从事自己想干的事情。从这个视角出发，可以说：**无条件基本收入不只是简单的收入保障，而是人类更加按照自己本意生活的保障。**这样一想，对无条件基本收入的看法自然也就不同了。

　　无条件基本收入，是人类更加按照自己本意生活的保障。

种族歧视究竟是什么?

作为一名积极参与社会活动的哲学家,康乃尔·韦斯特认为:人们应善于发现社会中的问题,并有勇气发出批评,进而呼吁社会朝正确的方向改正问题。韦斯特使用2个古希腊的哲学用语"Parrhesia(说真话)""Paideia(教养)"来阐述自己的观点。不顾危险、敢于直言真理的Parrhesia(说真话),以及培养人的批判能力的Paideia(教养),将是引导人们开展行动的两把钥匙。实际上,韦斯特也将这两大原则运用到了种族歧视、民主主义等问题的解决过程中。

康乃尔·韦斯特
Cornel Ronald West
(1953—)
美国哲学家。
非裔美国人活动家。

参照3点提示

01 什么是"Black Lives Matter（黑人的命也是命）"运动？

02 无论哪个人种都很重要吗？

03 韦斯特所说的批判精神是什么？

思考1分钟

一般所谓的种族歧视，就是指基于人种上的偏见，区别对待或歧视特定的人种。其中典型的例子，就是对黑人的歧视。特别是在美国，过去黑人作为奴隶被从非洲带到美国，长时间受到歧视。直到现在，对黑人的歧视问题还存在。

新冠疫情暴发之后，贫富差距的问题越来越严重。而最近格外受到关注的是"Black Lives Matter（黑人的命也是命）"运动。"Black Lives Matter"的意思是黑人的命也是命，但围绕这句话的翻译，在日本引发了不小的争论。因为有人提出：这仅仅强调了黑人的生命，难道其他人种的生命不珍贵吗？

我觉得这正显示了种族歧视问题的根深蒂固。毫无疑问，所有人种的生命都很珍贵。但如果这么表述的话，就等于淡化了当前正在遭受歧视的人种的困境。

然而仔细思考就会发现，试图消除种族歧视的人们的目标是：消除因差异而导致的歧视。因此，**最终需要达成的目标应该是：每个人都觉得所有人种都很重要。**

所以，只要我们不忘记当前还有人遭受着不公正的待遇，就可以使用"所有人种的生命都很珍贵"的表述方式。关键是不要忘记还有人遭受着不公正的待遇。

可供参考的是，积极尝试解决种族歧视的美国哲学家康乃尔·韦斯特。韦斯特本人就是黑人，从小到大受过很多不公正的待遇。因此他呼吁：为了消除种族歧视，人们需要时常保有批判的精神。

正如韦斯特所说，为了消除种族歧视，需要时刻以批判的目光监督社会上的不公正现象。不只是针对黑人的歧视，针对任何人种的歧视都应受到揭露和批判。只有这样，才能够实现所有人种都得到尊重的最终目标。

在彻底消除歧视的社会中，人种的不同并非无关紧要。**反而正因为人种有区别才格外受到尊重，因为彻底消除歧视的社会是一个重视、尊重多样性的社会。**把人种相对化，是无法解决种族歧视问题的。反而应该在承认各个人种差异的基础上，尊重各自的差异，这样才能最终解决种族歧视问题。也就是说，所谓种族歧视其实就是把人种相对化。如果能够尊重彼此的差异，歧视自然也就消失了。

所谓种族歧视，就是不尊重彼此的差异，把人种相对化。

公共卫生究竟是什么？

在行为经济学中，有一个术语名叫"助推（Nudge）"。意思是：并不明确地下达指令命令人，而是通过示意的方式间接地引导人们做某些事情。由此可达到控制人的行为的目的。助推（Nudge）本是行为经济学中的术语。但在政治哲学领域，基于这个理念诞生了"自由意志家长式（Libertarian Paternalism）"的理论。意思是：在制定政策的时候让民众感到自由，实际上则用家长式的管理引导民众。

凯斯·桑斯坦
Cass R. Sunstein
（1954— ）
美国法学家。
针对网络与法律的关系
有诸多论著。

参照3点提示

01　由于新冠疫情，公共卫生发生了什么变化？

02　在日本用惩罚的方式强制戴口罩，是否可行？

03　凯斯·桑斯坦口中的"助推（Nudge）"是什么意思？

思考1分钟

"公共卫生"这个词，其实距离我们的日常生活很遥远。随便找个人询问公共卫生的准确定义，估计没几个人能够回答。当然，前面说的只是新冠疫情暴发之前的状况。然而，即便在当前，公共卫生对于大众依然是个较生僻的词汇。人们普遍的印象是：公共卫生的定义大概就是妥善保持整个社会的卫生状况。

根据WHO（世界卫生组织）的定义，公共卫生是："在城市或乡镇的协同努力下，预防疾病、延长寿命并促进健康的科学与技术。"因此，自古以来公共卫生就是由国家承担并一路发展而来的。

日本也是同样，随着日本经济文化的发展，公共卫生水准也不断提高。可以说，**公共卫生就是为了民众能够健康生活的基础设施建设**。因此，国家有责任维持良好的公共卫生。

然而，这次的新冠疫情给日本带来了新的问题：如果不管理、限制每个国民的个人生活，就无法有效地维持公共卫生。虽然维持公共卫生是国家的责任，但在日本究竟能把个人的权利限制到何种程度？这在日本引发了争论。

在日本，很难用惩罚的方式强制国民佩戴口罩或给手消毒。那么日本如何在尊重个人自由的前提下，尽量履行国家维护公共卫生的责任呢？值得参考的便是"助推（Nudge）"。"Nudge"这个英语单词本来是"用胳膊肘轻触，提醒别人某件事情"的意思。美国的法学家凯斯·桑斯坦等人，将其转用为思维术语"助推"。

也就是：**正面下达命令会遭受抵触，所以转而含蓄地提示**

对方，让对方自主地行动起来。这可谓是一种颇具智慧的方法。

从助推（Nudge），衍生出了"自由意志家长式（Libertarian Paternalism）"的方法。自由意志家长式，有效结合了自由主义者（Libertarian）所重视的个人自律，以及国家的有效介入（Paternalism）。

可以说在日本随着新冠疫情的蔓延，公共卫生已从国家责任，逐步转变为每个国民为了自身健康而自主行动的义务。

公共卫生就是，每个国民为了自身健康而自主行动的义务。

2
对日常事物的疑问

审视日常的事物
探究其本质

AI（人工智能）究竟是什么？

丹尼尔·丹尼特等人提出了"意向工具主义"的哲学理论。根据这一理论，人的心灵的状态只是一种由机能引发的状态。例如，如果人感觉到疼痛，那么仅仅是针对刺激而产生的机能性的结果而已。因此，在AI（人工智能）是否具备意识的讨论中，意向工具主义必定会产生巨大的影响。意向工具主义认为：虽然AI是机械构成的，但只要它的机能完备，就可以认为它有可能产生意识。

丹尼尔·丹尼特
Daniel Clement Dennett Ⅲ
（1942—　）
美国哲学家、作家、
认知科学家。

参照3点提示

01　AI（人工智能）有能力做什么？没能力做什么？

02　人类的大脑中究竟在进行着什么？

03　丹尼尔·丹尼特的"意向工具主义"是什么？

思考1分钟

　　现在AI（人工智能）似乎已经不算什么新奇的事物了。数年前，报纸、电视上还满是关于AI的报道，现在似乎没那么热门了。当然AI现在也在不断发展，众多企业积极将其融入生产、经营之中。

但是现在再提到与AI相关的新闻，已经不会再令人们感到惊讶。

可以说现在使用AI已经是较为常见的事情，没有人会因为某样东西应用了AI而觉得特别了不起。由此可见，AI已经融入了我们的日常生活，或者说AI已经成了市民中的一员。

能够完全自主思考的AI目前还没有出现，但我觉得这类AI早晚有一天会出现，并真的成为市民中的一员。我这里所说的AI，也就是人工智能，它们和人一样可以进行思考。也就是说，它们虽然还只是电脑程序，但已经可以进行一定程度的自律的思考。

AI虽然还不具备意识，但已经可以进行一定程度的思考（或类似于思考的过程），因此让人们觉得它们似乎拥有意识。现在的AI不仅能战胜围棋世界冠军，还出现了能够创作文学作品、能够画画的AI。

当然，**AI做的这些只是对人类的模仿而已。**是借助所谓"深度学习"的方法，让AI记住无数种可能的模式，然后由此进行演算处理。

是的，正如刚才所解释的，AI所做的只是演算处理而已。所以，即便AI做出的成果与人类的十分相似，也仅仅是计算的结果而已。然而，此时让我们稍微改变一下视角，我们不妨思考一下：人类的大脑中究竟在进行着什么？

答案是"？"。其实关于人类的大脑，还有很多难题没有解开。也就是说，虽然我们自认为人类大脑的运作模式与AI完全不同。但是否真的如此？不得而知。

现在有不少哲学家，例如丹尼尔·丹尼特等人就认为：人类的思考过程与机械的运转过程一样。他们提出了"意向工具主义"的哲学理论，用机能性的作用来定义人类心灵的状态。

照此理解的话，**可以说实际上AI已经能够再现人类的思考。**由于AI处理信息数据的速度远高于人类，或许AI正在逐渐成为一种远超人类的新物种，只是我们现在还不愿承认罢了。说到这里，似乎脊背有些发凉……

AI正在逐渐成为一种远超人类的新物种。

SNS（社交媒体）究竟是什么？

马歇尔·麦克卢汉所说的"媒介即讯息"这句话，是指不同形式的媒体传达的信息会发生变化。例如，纸质的信件和电子邮件，即使它们的内容都一样，但传达出的效果也会有差别。于是麦克卢汉以媒体的品质或解析度为基准，将各种媒体分为"冷媒介"或"热媒介"。在麦克卢汉之前，人们研究传媒时只是关注媒体传达的内容。但麦克卢汉却转而关注媒体的形式，这有着划时代的意义。

马歇尔·麦克卢汉
Herbert Marshall
McLuhan
（1911—1980）
加拿大文学学者、
文学批评家。

参照3点提示

01 SNS（社交媒体）与其他媒体的区别是什么？

02 SNS（社交媒体）究竟把什么和什么联系起来？

03 麦克卢汉口中的"讯息"究竟是什么？

思考1分钟

SNS（社交媒体）可谓是现代各种媒体中的主角。目前在日本比较流行的社交媒体有：LINE、Twitter（推特）、Facebook（脸书）、Instagram、YouTube、微信、QQ等。正如"社交媒体"这四个字所显示的，它们是将人们联系起来的平台。

提到媒体这个词，其实一直以来的（大众）媒体，例如报纸、电视等都是单方面地传达信息。随后媒体逐渐朝着双方向发展，直到社交媒体出现，双方向传递信息已成为必备条件。

在当今的时代，**如果自己不能发出某些信息，那么甚至称不上是媒体**。仔细一想，其实媒体本来的意思是一种媒介。既然是媒介，那么就要把某样东西和另外的东西联系起来。如果被联系的一方是人，那么人必定也想对外发出一些自己的信息。

然而，一直以来由于受到科技等方面的限制，无法实现双方面交流。人们只能单方面地读报纸、听广播、看电视。现在终于出现了双向交流的媒体——社交媒体，人们的愿望似乎一下子得到了释放。人们觉得终于出现了真正的媒体。

以前研究传媒的知名思想家马歇尔·麦克卢汉曾说过"媒介即讯息"。麦克卢汉绕开媒体所传达的内容，转而关注媒体的种类，并认为不同媒体所传达的信息也不同。麦克卢汉认为：即便传达的内容相同，如果使用报纸或电视等不同的媒体，最终传达给人们的信息也会不同。

麦克卢汉身处的时代，还没有社交媒体。如果按照麦克卢汉的观点定义，**社交媒体传达的信息应该是"公开面对评判"**。因为社交媒体上面发布的新闻或评论，毫无例外都会面对无数人的评判。

而且这些评判会以明确的文字方式显示出来，所有人都可以随时查看。当然，信息面向所有人公开，也会招来诽谤、造谣、侵犯隐私等诸多问题。但需要留意的是，**各种性质恶劣的发言，也将公开面对所有人的评判。**因此，性质恶劣的发言也会逐渐地被纠正。

所有信息、言论都将公平地接受众人的评判，可见社交媒体永远保持着公开的状态。这正是社交媒体的魅力所在，也是其本质的体现。当所有人都意识到这些的时候，社交媒体必将发挥出它真正的力量。

所谓社交媒体，就是公开面对评判。

大学究竟是什么？

针对近代社会中大学的作用，黑格尔认为：正因为大学的无用性，所以大学才具有极其重要的作用。也就是说，在世俗化的社会中，大学取代了教会的作用，让人们在大学里体验与世俗不同的生活。这些在大学中的体验，同哲学一样都是从零诞生新的东西。乍看之下，哲学似乎是一种毫无用处的学问，但正因为如此，哲学才具备无与伦比的重要作用。同样的道理，乍看之下无用的大学，其实也具备无与伦比的重要作用。

格奥尔格·威廉·弗里德里希·黑格尔
Georg Wilhelm Friedrich Hegel
（1770—1831）
德国哲学家。
德国唯心主义哲学的代表人物。

参照3点提示

01　"大学"中的"大"究竟是什么意思？

02　大学要达成的一个目标是什么？

03　黑格尔提出的"无用的有用"是什么？

思考1分钟

"大学"中的"大"究竟是什么意思？除了大学之外，还有小学、中学，所以"大"字似乎源于"大中小"里面的"大"。那么大学里必定有一些大的东西，究竟是什么呢？

排场大？我也是大学教授中的一员，听起来不免有些刺耳。但有些大学教授确实带给人傲慢、讲排场的印象。此外就是校园的面积大、研究的规模大、学生和教师的数量大、相应的经费花销也很大，等等。

追根溯源，大学这一制度是从西方传入的，或许我们需要分析一下英语单词"university"的含义。英语单词"university"来源于拉丁语的"uni"和"versus"这两个词，这两个词的意思分别是"统一"和"改变方向"。

因此，**可以说大学的意思就是"拥有同一个目标的团体"**。那么究竟是什么目标呢？近代以来，大学在社会中发挥的作用，总体来讲就是形成一定的文化。所以大学才会注重自由地进行研究，自由地进行学习。这是大学与高中等教育机构的显著区别。

日本的宪法规定：学术自由包括研究的自由、大学的自制、教授的自由等。正因为这些，有些日本民众认为大学里总是搞一些毫无用处的研究，白白浪费金钱。特别是以文学、哲学为代表的人文学科，很多人不认可这些学科，认为这些学科没有实用价值。

针对这些，近代德国哲学家黑格尔一语道破：正因为大学是无用的场所，所以才极其有用。**其意义是：大学是一个特意不把实用性放在第一位思考的场所，因此才格外宝贵，格外有用。**正因如此，才会有新的文化从大学诞生出来。

一开始我们曾讨论过大学究竟是什么"大"？我认为答案是：在诞生新的文化这一点上，大学的责任大。最近在日本的大学里出现了只注重结果的风潮，这不值得提倡。此外日本的国民们也应该理解大学的重要作用，以更大的胸怀包容它。大学正因为无用才格外宝贵。

所谓大学，就是通过追求无用性而形成文化的场所。

辣味究竟是什么？

伯特兰·罗素在他提出的"幸福论"中阐述：人之所以会不幸，是因为无聊和兴奋这两个原因。人类往往将自身的现状与想象中更加愉快的状况作对比，由此人就会产生烦闷无聊的情绪。所以，罗素认为无聊的反面并不是快乐，而是兴奋。人类进行狩猎、发动战争、向异性求爱，其实全是为了寻求兴奋。然而，过度的刺激是没有节制的。因此，人类为了获得幸福，需要具备一定的忍受无聊的能力。

伯特兰·罗素
Bertrand Russell
（1872—1970）
英国哲学家。
世界和平运动的倡导者和组织者。

参照3点提示

01　辣味有什么效果？

02　人们为什么会追求痛的感觉？

03　伯特兰·罗素所说的"忍受无聊"是什么意思？

思考1分钟

　　我非常喜欢吃辣，经常吃一些劲辣的韩国料理或东南亚料理。而且吃普通饭菜的时候，为了增添辣味，我还经常往饭菜里添加辣味的调料。所以，我常收集世界各国的麻辣调味品，试着添加到各类食物中。

若问我为何喜欢辣，其中一个原因就是辣味带来的热辣感觉。正如英语表现辣味时使用"hot（热的；辣的）"一样，辣味不仅让口中发热，热辣的感觉还会遍及全身。然后辣得满头大汗。这种促进新陈代谢的热辣感觉，令人欲罢不能。

我喜爱辣味的另一个原因，就是辣味所带来的刺激。辣得刺痛，这应该是大多数人对辣味的印象。辣味的刺激在口中蔓延，让人一边吸气一边想立刻喝水，这种刺痛感才是辣味的精髓。所以辣味才会与甜味、咸味等其他味觉不同，人们认为辣味是一种痛觉。

感觉辣得过瘾时，我们并非在享受味觉，而是享受痛觉。这和足底按摩时的痛觉，和瀑布拍打身体的刺激是同一类的事物。所以，享受辣味刺激和享受美食的美味，是不同类别的事物。

而且辣味需要在口中体验，所以需要用人体最敏感的舌头体验辣味的刺激，这可谓是一种最极端的寻求刺激方式吧。但人们为何要这么做呢？英国哲学家伯特兰·罗素的"幸福论"，可作为这个问题的参考。

罗素认为：人类为了获得幸福，需要设法忍受无聊。罗素还认为人之所以会发动战争，是因为无法忍受无聊。确实，无聊着实是一种烦人的情绪。

因此，轻松体验到些许刺激，非常有助于应对日常生活中的无聊情绪。而只要把麻辣的食物放入口中就可获得刺激，令人暂时忘却无聊，甚至还能感到幸福。我本人就是如此，每当我品尝劲辣的食物时，就会感到幸福。

或许这也是吃辣爱好者人数众多的原因吧。因此可以说：**辣味就是吃一口就能排解无聊的佳品，可为人带来幸福。**虽然辣是一种痛觉，但没痛到出血，反而非常过瘾。所以今后的辣味美食仍会层出不穷，只要人们还不断追求幸福……

辣味就是吃一口就能排解无聊的佳品。

酒究竟是什么？

尼采在他早期的著作《悲剧的诞生》中，针对狄俄尼索斯（希腊神话中的酒神）进行了论述。尼采描写了阿波罗（希腊神话中的太阳神）、狄俄尼索斯这两个相对照的世界观。太阳神阿波罗象征着光明、快乐，而酒神狄俄尼索斯象征着狂醉、放纵。两者是不可分的，虽然看起来阿波罗所代表的事物应该占主流。但尼采认为：反而是狄俄尼索斯所代表的事物，才是人类最原始、本能的部分。

弗里德里希·威廉·尼采
Friedrich Wilhelm
Nietzsche
（1844—1900）
德国哲学家，古典文献学者。

参照3点提示

01 人们为何会被酒吸引?

02 酒的两面性是什么?

03 尼采所说的"狄俄尼索斯式的精神"是什么?

思考1分钟

酒究竟是什么?针对这个问题,或许有多少人就会有多少种答案。因为酒已经深入人类社会足够深、足够久。当然也有人滴酒不沾,十分讨厌酒。一般来讲,对酒的定义大致是:含有乙醇的饮品的总称,或者是能够让人喝醉眩晕的饮品。

但没人会在意这种表面形式化的定义。更多的人认为酒是能带给人快乐的东西，是加深交流理解的有效手段。而酒的化学成分、对身体的影响等毫不重要。

所以才会有那么多人喝醉，耽误了正事。是的，**酒有两面性，它既是良药也是毒药**。这是讨论酒时需要最先注意的关键点。酒能带给人快乐，但喝多了就很难受。酒还是各种麻烦、纠纷的导火索。此外适量饮酒有助于长寿，但酒也能成为搞垮身体的毒药。

然而总体来讲，整个社会还是认为酒是好东西。酿酒产业的经济利益十分可观。酒还有促进食欲、有助长寿等医学方面的良好效果。酒还可以活跃气氛，提高人的创造力，甚至有些难办的事情在酒的推动下就可迎刃而解。

近代德国哲学家尼采，以对照的方式论述了两种精神——阿波罗式的精神、狄俄尼索斯式的精神。外表看起来光明、快乐的阿波罗式的事物，其实是阴暗的狄俄尼索斯式事物的影子。尼采认为：只有在本质上承受了痛苦，人才能光辉明亮地活着。

尼采提到的狄俄尼索斯，其实就是希腊神话中的酒神。从某种意义上理解，可以说喝了酒之后，人的言行会变得更加明朗、快乐。饮酒的一瞬间是如此，关于饮酒的文化也是如此。正因为有特定的时间用来饮酒，其余的时间及生活才会显得光辉明亮。如果一天到晚终日饮酒，工作、生活就全荒废了。

　　因此我觉得：**所谓酒，就是将我们的日常和非日常进行切换的装置。** 或许我们举杯时说的"干杯！"就是进行切换的口令吧。我们在日常生活中快乐开朗地做事、努力认真地工作，时而也需要酒来缓解我们的紧张疲惫。说着上述理由，今晚我在家也享受着晚饭后的一杯美酒。

　　所谓酒，就是将日常和非日常进行切换的装置。

读书究竟是什么？

德国哲学家马丁·海德格尔针对"存在"的意义进行了彻底的思索和研究。其实自古希腊以来，还没有哲学家对存在做出过质疑。所以海德格尔的研究，可以说是对西方哲学的根源进行重新审视。因此，海德格尔对语言这一概念非常注视，因为语言是西方哲学的主要工具之一。而由语言集合而成的书籍，也是海德格尔关注的对象。因为如何对待书籍，也就等同于如何对待语言，如何对待哲学本身。

马丁·海德格尔
Martin Heidegger
（1889—1976）
德国哲学家。
探究存在的意义。

参照3点提示

01　人为什么要读书？

02　大家读书的方式都一样吗？

03　海德格尔所说的"书和人的关系"是什么？

思考1分钟

　　近些年在日本，读书的人越来越少了。其中一个原因可能是，其他可干的事情越来越多。而且这些事情都比读书轻松许多。例如上网看视频，用社交媒体聊天，上网打游戏等。但新冠疫情暴发后人们的外出减少，日本国内读书的人数似乎略有回升。

我觉得这并非单纯因为人们的闲暇时间增多。果真如此的话，上网看电影、打游戏岂不更轻松？人们特意选择读书，我觉得这其中还有别的理由。

一般所谓的读书，就是理解领会大量的文字，这些文字因为一个目的而被归纳在同一本书里。所以读书，也被认为是通过文字收集信息。另外如果读的是小说或诗歌，人们还可以享受文字所带来的情感和意境。**其实说到读书的方式，不同的人有各种各样的读书方式，或许这其中也有着深层次的原因。**

20世纪颇受瞩目的德国哲学家马丁·海德格尔认为，通过一个人的读书方式可以看出一个人的性格。例如，仔细详尽读书的人，应该是头脑缜密的人。海德格尔本人应该就是这种类型的人，可谓是哲学家类型。

相反，以速度的方式读书的人，是善于把握重点的人。这些人适合经商。此外还有一些人跳跃着读书，或者只读一部分章节。这些人或许是过于性急，我就是这类人。

说到我的读书方式，最大的特点就是在书里做标注，或将某些书页折叠，总之就是将书作为随时可调取的信息源。比起把知识装入头脑，我更重视随时调取、输出这些知识。海德格尔会如何评价我的读书方式呢？他八成会说："你小子纯属贪图虚名！"希望他至少能夸我是有独创性的人。

有趣的是，海德格尔并非关注人们读什么，而是关注人们怎么读。通过读什么，可以了解一个人的兴趣爱好；通过怎么读，则可以了解一个人的性格。

照此看来，读书不正是可以反映人的性格的一面镜子吗？反过来说，**或许改变了读书方式，一个人的性格也会变。**

读书就是反映人的性格的一面镜子。

艺术究竟是什么？

布莱士·帕斯卡说"人是一支有思想的芦苇"。这句话的意思是：人和芦苇一样都是自然界最脆弱的东西，但人之伟大源于他有思想。所以帕斯卡认为用理性进行思考，是人类的伟大之处。此外，帕斯卡还认为人需要具备两种精神——几何学的精神、纤细的精神。几何学的精神代表着理性，纤细的精神代表着感性。帕斯卡认为：人的思考不光只有理性构成，其中还有感性的参与。

布莱士·帕斯卡
Blaise Pascal
（1623—1662）
法国哲学家。
思想家。

参照3点提示

01　人们为何会觉得艺术难以企及？

02　什么才是艺术创作？

03　帕斯卡口中的"纤细的精神"是指什么？

思考1分钟

　　提到艺术，不由让人觉得特别高深莫测。人们普遍认为，艺术是那些数量有限的特殊人士才能从事的行业。也就是只有艺术家们，才能从事艺术创作。

然而仔细一想，其实我们在学校也上过美术课，平时或许也画几笔画，多少也算尝试过艺术。或许现在读这本书的读者，平时就有绘画的爱好和习惯。您或许会谦虚地说"我画的那些不算艺术。"但这要看艺术是如何定义的。

一般来讲，艺术是指创造美、表现美的所有人类的活动。大概大家也是这么理解艺术的吧。因此，艺术并非专指那些高深的内容，并非专指那些毕加索才能创作出的内容。**只要是发自感性的创作、展现内心的作品都可称作艺术。**

近些年在日本，流行一种商务人士的思考模式"艺术思维"。"艺术思维"并非关于绘画、雕刻的思维方式。而是让人们打破思维定式，学会创造性思维，用崭新的眼光看待问题。如此说来，其实我们每个人都可以做到这些。

我认为问题的关键点是：我们过于沉溺于理性的思考方式，变得不敢运用自己的感性了。但人类的大脑不光只有理性的思考，其中还有感性的思考。理性、感性思考相互配合，人的大脑才能运转。这正如法国的哲学家布莱士·帕斯卡所说的一样。

帕斯卡曾说：人类的大脑由几何学的精神和纤细的精神组成。前者代表理性的思考，后者代表感性的思考。正如他所说的，我们所有人都具有感性思考的能力。明确了这一点，估计大家对于艺术将变得更有自信吧。

艺术绝非什么高深莫测的绝技，艺术只不过是每个人都可以实践的一种思考的表现而已。我想没有人会觉得自己连简单的加减法都不会吧。这是因为每个人都觉得自己具备理性思考的能力。

同样的道理，你只要觉得自己具备艺术式的思考能力就可以了。也就是说，**其实每个人都具备实践艺术的感性，只是人们因为胆怯而将其压抑住。**因此，艺术就是把平时被压抑的感性释放出来。那么接下来，大家何不拿起彩塑铅笔，把自己的心情用图画表现出来呢？就像我们孩提时代常做的那样。这个过程必定充满了快乐。

所谓艺术，就是释放被胆怯压抑的感性。

霸凌究竟是什么？

伊曼努尔·列维纳斯是一位非常重视他者的哲学家。因为列维纳斯认为，他者是与自我绝对不同的个体，他者绝对不会融入自我之中。当对他者如此理解的时候，就会诞生一种对于他者的伦理责任。列维纳斯认为，虽然自我没有得到他者的恩惠，没有从他者那里借贷财物，但自我对他者承担有伦理责任。这个责任可以说是无限的责任。虽然这是一种看似不对称的责任，但这正是人们应该承担的真正的伦理责任。

伊曼努尔·列维纳斯
Emmanuel Lévinas
（1906—1995）
法国哲学家。
他者理论的代表人物。

参照3点提示

01　霸凌是物理上的行为吗？

02　霸凌剥夺了受害者的什么？

03　列维纳斯所说的"伦理责任"是指什么？

思考1分钟

　　在日本，一提到"霸凌"这个词，人们立刻就会想到各种校园霸凌事件。当然，霸凌在日本的职场、居民社区等场所也会发生。而当今在网络社交媒体上出现的霸凌现象，也成为日本民众热议的话题。一般来讲，所谓霸凌就是多数人排挤一个人，故意无视疏远他，或者用阴险的方法欺负他。这种欺负既可以是物理方式的暴力，也可以是基于语言的心理攻击。

当然，职场中上司刁难部下，老员工欺负新员工也属于霸凌的一种，可见霸凌的施加者并不一定必须是多个人。因此可见，阴险的欺负人的行为，才是霸凌的本质。

那么，人为何会产生这样的行为呢？这是因为如果攻击他人，其目的就是弱化对方。弱化对方并不一定必须采取暴力的手段，使对方的精神受到打击也是一种主要手段。精神打击也就是摧毁对方的自尊心，剥夺对方的自我认同感。这样思考下来，大家或许已经了解霸凌是多么卑劣的行为。人需要在生活中怀有自尊心和自我认同感。反过来说，正因为有这些，人才能活着。**人这种社会性的动物，只有得到他人的认可后才能肯定自我，找到自己的定位**。所以，针对尊严以及自我与他者的关系，法国哲学家伊曼努尔·列维纳斯主张：守护他者的尊严，是每个人都应该承担的伦理责任。因为如果剥夺一个人的尊严，那个人就会觉得自己是个毫无用处的废人。他就会惧怕与人交往，甚至最终走向自杀的道路。

麻烦的是：施加霸凌的一方，意识不到这些。实际上在日本，大多数情况下施加霸凌的一方都意识不到这些。特别是借助语言的霸凌，或是故意排挤无视某人，这些行为并不能直接夺人性命，所以施加霸凌的一方很轻易地就做了。如果换成拿匕首捅别人的胸口，大概任何人都会犹豫不前。

现实也的确如此，在日本杀人案件的数量要远远少于霸凌事件的数量。正如前面所说的，霸凌剥夺了人的自尊心，而自尊心是人这种社会性动物生存的必需条件。所以，霸凌很有可能导致人的自杀。如果遭受霸凌的是一个精神脆弱的人怎么办？即便是一个精神坚强的人，如果他恰好那个时候心理比较脆弱怎么办？

因此，各种形式的霸凌，都是近似于杀人的行为。在我看来，霸凌和拿着匕首捅人没有区别。霸凌者是用语言的匕首捅向人心。**人不光只靠肉体活着，人更需要靠心灵和精神活着**。所以，万万不可做向人心捅刀子的行为。

所谓霸凌，就是向人心捅刀子的行为。

朋友究竟是什么？

亚里士多德所倡导的Philia，是友谊的意思。"Philia"这个词本来是"爱"的意思，但被逐渐扩展为对同胞的爱、对同伴的爱，等等。在希腊城邦中，人们互助互爱地生活，亚里士多德非常重视这一点。这种互助互爱，正是亚里士多德所说的Philia（友谊）。而友谊的极致则是"基于善的友谊"，即一个人盼望自己的朋友好。为了能维护整个城邦，这种互助互爱是必不可少的，这大概就是亚里士多德所盼望的。

亚里士多德
Aristotelēs
（公元前384—前322）
古希腊哲学家。
被誉为万学之祖。

参照3点提示

01   人为什么需要朋友？

02   亲密的朋友是指什么？

03   亚里士多德所说的朋友有什么意义？

思考1分钟

大家听到"朋友"这个词，脑中首先浮现的是与自己一起做某些事情的人吧。例如一起玩的人，一起吃饭的人，一起商量事情的人。但与自己一起做某些事情的人，可以是家人，可以是同事，可以是其他各种各样的人。家人是和自己一起生活的人，同事是和自己一起工作的人，但朋友似乎与上述这些人还略有区别。

家人是在生活中与自己相互支撑的人，同事是在工作中与自己相互支撑的人。那么，朋友存在的意义是什么呢？当然，朋友在生活中也会与我们相互支撑。但与家人不同，朋友并非与我们每日住在一起，一起负担生活开销。所以在相互支撑的程度上，朋友与家人有区别。

另外，在工作上互相帮助之类的有限度的交往，也称不上朋友。所以可以说，**朋友是比家人狭窄、比同事宽泛的一种关系。**大家可以回想一下自己上学时的情景。班里的同学，泛泛来讲可以算是自己的朋友。但不能说班里每个人都是自己的朋友。

只有几个和你特别亲密的人，才会被你称作朋友。是的，**实际上这种亲密才是朋友的存在意义。**无论你干什么，都可以轻松地找他们陪着，都可以轻松地与他们商议。朋友之间的亲密就是这种亲密。虽说如此，但朋友不会像家人那样与你共同负担生活开销。所以，朋友是在外人中与自己关系最亲密的人。

古希腊的哲学家亚里士多德，将友谊称作"Philia（友谊）"。Philia这个词本来是"爱"的意思。亚里士多德进而将Philia（友谊）分为3个种类："基于利益或用处的友谊""基于快乐的友谊""基于善的友谊"。

　　基于利益或用处的友谊是指：对方对自己有利或有用，所以与对方做朋友。基于快乐的友谊是指：与对方相处时玩得很愉快，所以与对方混在一起。但上述两种关系，似乎让人觉得不配称作友谊。因为这些只是利用别人而已，朋友绝不是有利可图的工具。

　　形成鲜明对比的，则是基于善的友谊。基于善的友谊是指：一个人盼望自己的朋友好。也就是，当遇到什么事情时，处处为对方着想。**所以，基于善的友谊，才是我们应该追求的友谊。**我觉得这才是无愧于"亲密"二字的友谊。所以，这样的朋友才被称作亲密的朋友。

　　所谓朋友，就是当遇到事情时，处处为对方着想的人。

玩究竟是什么？

埃里克·霍弗是一位自由自在的哲学家。他成为加州伯克利大学高级研究员后，仍未离开码头，其许多观念都是在码头工作中形成的。所以霍弗认为，人类中的艺术家出现的年代要远远早于人类中的劳动者。也就是说游戏早于劳动，艺术早于实用的生产。然而，人有时迫于生活的压力，必须将游戏的东西转化为实用的东西。霍弗认为人类只要还受迫于实用性，人类就仍是自然动物界的一员而已。

埃里克·霍弗
Eric Hoffer
（1902—1983）
美国哲学家。
被称作"码头工人
哲学家"

参照3点提示

01　为什么"玩"在人们眼中是一种恶习？

02　人为什么天生想玩？

03　埃里克·霍弗认为玩的本质是什么？

思考1分钟

　　听到"玩"这个字，很多人感到兴奋的同时又会有一丝罪恶感。或者说正因为有罪恶感，才会感到兴奋吧。因为玩与工作和学习不同，玩是一件愉快的事情，所以玩在日常生活中具有特殊的含义。

俗话说：玩就是孩子们的天职。但在当今的日本，许多儿童上学之前就开始接受各种各样的教育，玩已经不再是孩子的天职了。更何况升入小学之后，玩甚至成了一种恶习。因为它干扰了孩子们学习的本职。

所以不难想象，对于那些成年的大人们，玩不亚于一项大罪。如此说来，玩似乎成了一种毒害人类的罪恶。人类似乎丝毫也不需要它，玩纯粹属于人类非本质的行为。

果真如此吗？那么**人类为何从孩童时代就开始玩，长大后仍不断想玩呢？**其实玩与其他许多人类的本能并无区别，绝不是一种恶习。例如食欲、睡眠的欲望、求知的欲望，我们因为需要它们，所以才追求它们。难道玩就不被接受吗？

为了寻找答案，我们有必要看看玩的本质究竟是什么。美国哲学家埃里克·霍弗认为，人类最早活着是以玩和游戏为主。所以人类制作的陶土人偶，要早于人类制作的陶罐。在我看来，早期人类制作的陶土人偶，确实有些类似现在的手办模型。

但迫于生活的压力，人类逐渐把工作放到了优先的位置。由于这个原因，人类本来具备的创造力逐渐受到损耗。也就是说，玩的本质是创造力、是创新能力。

其实仔细一想也会发现，许多发明和创新都是源于人们游戏玩耍时的念头。坐在会议室里一本正经地思考，大概很难诞生有趣的想法吧。所以应该说：**玩本来是促进人类及人类社会发展的原动力。**

没有玩的社会，将是个无聊的社会。限制玩的社会，或许将是个没有发展的社会。我们应该重新认识玩的本来意义，重新意识到玩是人类的本质，并且重新看待事物的优先顺序。特别是在当今这个需要做出重大变革的时代……

所谓玩，就是促进人类及社会发展的原动力。

3

商务方面的疑问

換个视角
看法也会不同

工作究竟是什么？

汉娜·阿伦特在她的著作《人的境况》中，将人类实践分为了3种形式：劳动（Labor）、生产（Work）、行动（Action）。劳动的主要目标，是为了维持肉体的生存和延续。生产是劳动以外的创造性的实践。行动则在公共领域中展开，是一种围绕基层的政治活动。比较类似于社区的公益活动。由于汉娜·阿伦特非常重视人类实践中的行动的意义，所以她也被视作公共哲学的创始人之一。

汉娜·阿伦特
Hannah Arendt
（1906—1975）
德国哲学家。
由于她是犹太人，因此
曾遭受纳粹迫害，
后来前往美国。

参照3点提示

01 在众多的工作中，共通的要素是什么？

02 工作必须获得相应的报酬吗？

03 汉娜·阿伦特所说的"行动"是指什么？

思考1分钟

说到"工作"，许多人脑中的印象大概都是：每天早起，乘车去公司，然后在办公室里忙碌到傍晚。具体忙碌什么？每个职业各不相同。但大多数人都是对着电脑办公，时不时与同事们一起开个会，偶尔到其他公司洽谈项目，或许某天还要到车间巡视一下。此外，在工厂的流水线制作产品，在餐饮店提供服务，以及艺术家的创作，科学家的研究等也都是工作。

但这些工作有一些共通点，那就是前往工作单位，长时间劳动，以及获取相应的报酬。 也正因为这些，在日本社会出现了各种各样的问题。因为必须前往工作单位，所以通勤的时间增加，相应的用于照顾孩子的时间则变少了。长时间劳动促使加班盛行，有可能损害人的身心健康。获得相应的报酬本身是好事情，但这也造成了不同职业的收入差距，人们对无报酬的活动也变得比较消极。

于是日本政府推出了改革工作方式的政策，但收效甚微。然而巧合的是，随着新冠疫情的暴发，日本的远程办公得到大幅度的促进，前面提到的诸多问题也将被解决。剩下的问题，就只有获得相应的报酬这一个。

我们果真需要相应的报酬吗？当然，生活下去必然需要钱。但共产主义有按需分配的分配原则，这不一定是工作的准确报酬，因为大家都在互相帮助。此外，志愿者们从事志愿活动的时候，基本上是没有报酬的，那么志愿活动到底算不算工作？

假设您已经从公司退休，开始在社区从事志愿工作。因为这些工作必须有人干。刚才我使用了"志愿工作"这个词，但社区的志愿工作应该不算正式的工作吧？

然而，有时我们会做一些与自身利益无关的事情，并把这些事情称作"工作"。20世纪在美国从事研究工作的哲学家汉娜·阿伦特，将"行动（Action）"这个要素加入了工作之中。汉娜·阿伦特所提出的行动（Action），其实非常类似社区的志愿活动。

因此可以说，**工作不再是纯粹获得相应报酬的活动，现在的工作也包含了各种无报酬的活动。**工作的含义变得更广泛，只要为某人做出贡献，就可称为工作。所以家务、社区志愿活动等，全都包含在工作范畴内。如果我们能以这样的视角看待工作，我们的每一天、我们的一生必定会变得更充实美满。

所谓工作，就是为某人做出贡献。

销售究竟是什么？

哲学中的"虚无主义"，认为世界、特别是人类的存在没有意义。尼采正是彻底贯彻了这种虚无主义，所以才认为疲敝的现实世界毫无价值，并在此基础上主张：应该从中创造新的价值观。尼采的这种主张被称作"积极虚无主义"。这种主张正是尼采提倡的"超人理论"的基础。尼采的理论与那些消极的生活方式形成了鲜明的对比，那些消极主义者一心只想依靠某种神一样的强大力量生活下去。

弗里德里希·威廉·尼采
Friedrich Wilhelm
Nietzsche
（1844—1900）
德国哲学家，古典文献学者。

参照3点提示

01　什么样的人适合做销售工作？

02　想成功签订销售合同，需要具备什么？

03　尼采的"积极虚无主义"是什么？

思考1分钟

　　我曾经是一名销售人员，从事销售工作有多辛苦，我多少有过一些体会。当我刚从学校毕业找工作的时候，到许多公司参加面试，面试官经常夸奖我适合做销售、可立刻为公司带来效益。我觉得他们之所以这么说，是因为看到了我的语言交流能力。

销售就是把产品卖出去，也就是提升客户的购买愿望，最终签订销售合同。所以才需要较高的语言交流能力吧。然而当我实际从事销售工作之后，不仅没能立刻给公司带来效益，反而发现自己根本不是干销售的材料。

这是因为：**销售人员不仅要把产品卖给本来就对产品感兴趣的客户。还需要让对产品毫无兴趣的客户感兴趣，并最终把产品卖给这些客户**。这真的困难重重。当然，在这个过程中必须具备高超的语言交流能力。

但只靠交流能力，并不能改变客户的心意，最终达成签约的目标。对方可是实际拿钱买东西，其过程不可能简简单单一帆风顺。**销售人员最重要的就是耐心**。基本上，与客户洽谈一次，就算谈得客户心花怒放，客户也不可能立即拿起笔说"咱们马上签约"。不论销售什么，都需要销售人员频繁地拜访客户，时不时地请客招待客户，数次交涉下来客户才有可能最终点头同意。

所以销售人员必须有耐心。我觉得这正是我欠缺的地方。后来我换过好几个工作，每个工作都与销售没什么关系。后来我做过公务员、大学的研究员。若说这些工作一丝一毫不包含销售的要素，也并非如此。但总之都不是营销职位。

总之能干销售的人，都是百折不挠的人。德国近代哲学家尼采认为：面对一次接一次的失败、苦恼，一个人必须能够说着"好，再试一次！"重新站起来。这被称作"积极虚无主义"，与选择直接放弃的"虚无主义"形成对照。积极虚无主义，也就是**虽然明知无法成功，却依然想办法克服困难。**销售也是同样的道理，如果态度消极地认为反正也卖不出去，那么被拒绝一次之后，就再也无法继续尝试。如此思考的话，可以说销售就是以签约为目标的积极虚无主义。

所谓销售，就是以签约为目标的积极虚无主义。

创新究竟是什么？

针对生物进化的过程，亨利·柏格森反对使用机械论来理解生物的进化。机械论认为整个自然界就像机械一样，被数学性的法则所支配。但柏格森认为这是错误的。因为机械论的法则只适合用来解释人为可预测的物质的变化，但生命进化的世界中会发生一些无法预测的事态。所以，机械论不适合用来理解生物的进化。柏格森进而提出"生命冲动"是宇宙万物的本原，是生物进化的源泉和动力。

亨利·柏格森
Henri-Louis Bergson
（1859—1941）
法国哲学家。
生命哲学的代表人物。

参照3点提示

01　当今为何要强调创新？

02　当今时代最需要什么？

03　亨利·柏格森所说的"创造性的进化"是什么？

思考1分钟

　　当前在日本，各个领域都在宣扬创新的重要性。或许是因为社会发展遇到瓶颈，或是因为时代的变化过于激烈吧。还有就是，人们大多认为创新就是创造出至今没有的、全新的东西。

"innovation（创新）"这个词本来是经济学家约瑟夫·熊彼特提出的，是指将经济活动中的生产方式、资源、劳动力以不同于以往的全新方式组合。所以innovation（创新）也可以翻译成"新搭配、新组合"，但现在创新的含义更广泛，主要是指在各个领域中创造出全新的价值。

但仔细思考一下就会发现，人类发展到现在已经创造了各种各样新的价值，所以**创新其实算不上什么新奇、特别的东西**。然而到了21世纪的现在，却格外强调创新的意义，这是为什么呢？这大概是因为：创新不仅仅是创造出新的价值这么简单。正如前面所说的，当社会发展遇到瓶颈的时候，时代变化异常激烈的时候，我们无法预测接下来需要些什么。

因此，以某个特定目标为基准创造价值，未免太慢了。或者说根本赶不上时代变化的步伐。况且，我们甚至都难以搞清目标究竟是什么。我们不知道究竟什么才会带来成功。现在人们常说机缘凑巧或偶然的创意会创造机遇、大获成功。正如前面所表述的，当今时代最需要的应该是：意外性的、飞跃性的价值创造。

法国的哲学家亨利·柏格森，以"创造性的进化"这个词语来诠释生物进化的本质。他认为：生物并非以因果论的方式按照某个目标进化，生物是在无法预测的状态中时而发生飞跃性的进化。因此生物的进化是创造性的。

所以照此思考的话，**当前我们希望从创新中获得的，不正是创造性的进化吗？** 这不仅仅是单纯的创造新的价值，而是创造出飞跃性的价值。

所谓创新，就是创造出飞跃性的价值。

领导能力究竟是什么？

尼可罗·马基亚维利的思想是实用主义思想的代表。马基亚维利主张为了达到目的可以不择手段，所以他主张的权术和谋略也被称作"马基亚维利主义"，现在仍被人们研究。马基亚维利所著的《君主论》，并非那种古代常见的讴歌高尚理想的作品。而且正相反，《君主论》里面充斥着各种实用主义的论述。其中最具代表性的论述就是："比起被人们爱戴，一个国家的君主更应该让人们畏惧他。"

尼可罗·马基亚维利
Niccolò Machiavelli
（1469—1527）
意大利文艺复兴时期的
政治思想家。

参照3点提示

01 日本为什么不重视领导能力?

02 领导的作用是什么?

03 马基亚维利的《君主论》是什么?

思考1分钟

我觉得当今的时代似乎不太重视领导能力。特别是在日本。一直以来,在日本这个国家,不论政治还是经济领域,几乎很少提到领导能力。日本的学校也同样如此,似乎从未有过关于领导能力的教育。然而实际上,无论哪个领域都很需要领导能力。

人们一般认为，领导能力就是引领一个团体的能力。因为如果没有人发挥领导能力，一个团体就无法顺利运转了。然而不可思议的是，日本虽然不重视领导能力，但各种团体运转得还算不错。所以日本人才会觉得领导能力无关紧要吧。

那么，为什么日本的各种团体能运转得不错呢？这是因为日本人善于与身边的多数人协调一致，大家自然而然地统一了步调。**领导的作用就是：让众人的步调能够协调一致**。因此，如果众人的步调自然而然就能协调一致，那么就不需要有领导出现了。或者说此时出现一个领导反而有害。众人的步调已经统一，却出现一个领导试图改变前进的方向，这反而会造成不必要的麻烦。或者出现一个领导无视众人自然形成的趋势，强行引领大家，也会引发问题。

所以在日本，充满个性的领导、强势果断的领导反而被人们讨厌。即便有个领导，最好也是那种站在后方静静守护众人的领导，或者是那种成熟稳重、轻易不开口的领导。

但是前面所叙述的，是仅限于日本的特殊事例。如果放眼整个世界，关于领导能力的观点就完全不同了。而且现在日本也在加速全球化，日本这种特殊的领导观是无法在世界范围内通用的。

因此，我们需要的是正常的领导能力。或许正因为没有正常的领导能力，日本这个国家才发展得不太理想。

那么，正常的领导能力究竟是什么呢？正如政治思想家马基亚维利关于君主所论述的那样：**领导应同时具备狮子般的强大和狐狸般的狡猾。**

这两种能力，都能让人们追随自己。强力地引领众人，对于不服从的人，则用甜言蜜语或财物诱惑。巧妙地软硬兼施，让人们追随自己。这便是领导能力的本质。诀窍是：不能只凭蛮力生拉硬拽。特别是日本人格外讨厌这么做……

所谓领导能力，就是巧妙地软硬兼施。

就职活动究竟是什么？

亚里士多德在他关于伦理学的著作《尼各马可伦理学》之中，针对人类群体的伦理，即人们应该追求的正义进行了论述。其基础是亚里士多德提出的"Philia（友谊）"。亚里士多德认为：为了使人类群体统一成一个整体，所有成员必须持有同样的伦理观。因此，Philia（友谊）就会成为所有成员追求的共同的正义。上述观点非常有亚里士多德的特色，因为他一直认为人类是一种群体性的动物。

亚里士多德
Aristotelēs
（公元前384—前322）
古希腊哲学家。
被誉为万学之祖。

参照3点提示

01　企业与学生双方共同的目标是什么?

02　学生最需要具备的是什么?

03　亚里士多德所说的"人类群体的伦理"是什么?

思考1分钟

　　我自己也经历过几次就职活动①，但现在作为大学的教师，我

---

① 就职活动：主要专指日本的大学毕业生的一系列求职活动。包括选择企业、
参加企业说明会、提交简历、面试等。

每年都会在就职活动中为学生们做就业指导。所以"就职活动"这个词，对我来讲绝非事不关己，而是我工作中的一部分。

就职活动，顾名思义就是（大学毕业生）为了找到工作而展开的各种活动。具体包括：收集企业的信息、参加企业的招聘说明会、向企业提交就职申请和简历、接受企业的笔试、接受企业的面试、获得企业录用的承诺等。

近几年在日本，有不少企业在就职活动中加入了短期实习的项目。这样一来，对于企业和学生双方，都可大幅减少工作内容与学生意愿不匹配的风险。当然，也有企业借短期实习的机会抢先挑选优秀的学生。如此看来，就职活动其实就和寻找自己的同伴一样。对企业来讲是如此，对学生来讲也是如此。

企业寻找一起工作的同伴，这很好理解。但若说学生也是寻找一起工作的同伴，似乎有点勉强。因为现在的就业状况，完全称不上卖方市场。就职活动中的学生，拼命想做的只是找个能接纳自己的企业。

然而，若问就职活动的本质是什么？应该绝不是上述的那样。如果连一个学生都招不到，规模庞大的企业也会陷入困境。因此应该说：**就职活动是企业、学生双方寻找同伴的活动。**

　　所以我常对就职活动的学生们说的一句话就是：必须做到让《海贼王》中的路飞想拉你做同伴才可以。企业寻找的，其实就是为达成某个目标而一起冒险的同伴。因此，应聘者必须具备某种特别的技能，或者具备十足的工作热情。但还有一项更重要的东西。

　　古希腊哲学家亚里士多德，针对人类群体的伦理进行了论述。其基础就是亚里士多德提出的"Philia（友谊）"。Philia（友谊）这个词也代表着人们追求共同的正义。巧合的是，亚里士多德举的例子中也包括船只和船员。他将一艘船上的全体船员称作"Philoi（亲密的友人）"。

　　船是一个很形象的比喻。**我们在人类群体之中，就是与同伴们一起追求共同的正义。**因为不这样的话，整个群体就无法共同前进。只要有一个人犯下错误，整艘船就有可能沉没。企业也是同样的道理。所以就职活动，就是一个寻找同伴的过程，寻找那些追寻着共同正义的同伴。

　　所谓就职活动，就是一个寻找同伴的过程，寻找那些追寻着共同正义的同伴。

请客招待究竟是什么？

千利休
（1522—1591）
日本战国时代的商人，
茶道名家。

日本战国时代茶道的集大成者千利休，留下了名为"利休七则"的茶道法则，这同时也是待客之道的法则。利休七则的具体内容是：1.办茶事时着装要得体。2.木炭摆整齐，易于将水烧开。3.装饰的花朵，要如同长在原野般鲜艳。4.夏季保持凉爽，冬季保持温暖。5.茶事尽量提早办。6.即便不下雨也需预备雨伞。7.用心招待客人。这七条都不仅限于茶道的世界，而是最大限度地尊重客人、招待客人的法则。

参照3点提示

01　请客招待的好处是什么?

02　什么是待客之道?

03　"利休七则"指的是什么?

思考1分钟

在日本提到"请客招待",一般是指商务洽谈中请客户或合作伙伴吃饭。最近由于新冠疫情暴发,请客招待这个词较少听到。但在我年轻的时候,甚至可以说请客招待客户就是我的本职工作。特别是在日本过去的公司里,如果一个人无法"在酒桌上与客户交流"，那么根本没资格从事销售工作。

在请客招待的过程中，客户或合作伙伴都很愉快，本方公司也能积攒不少人情。而且在饭桌上大家都很放松，特别是喝了酒之后还可以坦诚地对话。

我认为此处的**坦诚对话，是最关键的要点**。饭桌上是坦诚对话的绝佳场合，这不仅限于商务交涉。如果换作开会，双方往往会直奔主题。但在饭桌上，主项是吃饭、喝酒。至少表面是这样。所以气氛会缓和许多，对话也变得不那么直接，可以间接地谈一些别的内容。所以请客招待，是一个十分难得的洽谈业务的机会。

然而正因如此，过分卖力地表现反而也会适得其反，遭遇失败。也就是最终成了一厢情愿的饭局。有个词叫"待客之道"，我认为请客招待必须遵循待客之道才可以。因为如果不这样，被招待的人就难以身心愉快。那么，日本的待客之道的本质是什么呢？茶道名家千利休的思想，可谓是这个问题的完美答案。因为千利休堪称日本待客之道的鼻祖。

千利休提倡的"利休七则"可谓是待客之道的典范，其中就提到"即便不下雨也需预备雨伞"。也就是事前要做精细的准备。我认为这是待客之道的精髓所在。

招待人之前，要做好充足的准备。但仍会发生预料不到的事情，当然这也是人之常情。即便做了万全的准备，客人一个小小的不愉快，就有可能毁掉此前所有的努力。所以为了避免发生这种事情，唯有尽可能地持续关注任何小的细节。所以，待客之道中永远没有"已经做得足够了"。

请客招待客人时，就需要做到这些。一般情况下，**人们总是尽力让客人感到高兴，往往忽略那些会让客人感到不快的小细节**。所以我们需要转变想法，多注意小的细节。特别是现在处于新冠疫情之中，请客招待的机会本来就很少，更需要我们全心全意地做好招待客人的准备。

请客招待，就是持续关注任何小的细节。

学历究竟是什么？

加里·古廷非常重视大学中的"通识教育（Liberal Arts Education）"①。他认为通识教育可以帮助一个人摆脱资本主义的束缚。如果大学沦为职业训练学校，那么何不聘请职业培训师当教授？加里·古廷认为：归根结底大学应该是传授人"探求知识的知识"的场所。"谋生手段的知识"放在初中、高中学习即可。一个人真正的修养应该是对思想的探求以及充满创意的想象力。这些都可以帮助人获得自由，摆脱资本主义商品化价值的束缚。

加里·古廷
Gary Gutting
（1942—2019）
美国哲学家。
也是《纽约时报》著名专栏作家。

---

① 通识教育：并非针对某个学科的教育。通识教育的目标是培养学生能独立思考、且对不同的学科有所认识，以至能将不同的知识融会贯通。

参照3点提示

01　学历社会发生了怎样的变化?

02　进入大学学习的意义何在?

03　加里·古廷倡导的教育论是什么?

思考1分钟

　　包括日本在内，这些年一股学历社会的风潮席卷整个世界。所谓学历社会就是：越是名校毕业、越是学历高，就越容易在社会上取得成功。实际上也确实如此，一个人从知名大学毕业，确实更容易进入好的公司，更有机会出人头地。

然而，随着社会逐渐过渡到实力主义至上，学历社会开始稍有瓦解。因为随着科技的进步，**单独的个人可以从事的领域越来越多，不一定每件事情都需要具备高学历**。即便没有学历，只靠一台电脑就能赚到钱，不是同样成功圆满吗？

而且在日本由于新冠疫情，大学已经封校，网络授课成为主流。那么即便不去大学，通过网络课程的学习也可达到大学学习的效果，甚至超过大学学习的效果。很多人开始讨论这个问题。

如上所述，学历社会似乎已经开始瓦解，这一话题逐渐受到人们的关注。当然，学历社会的现状不可能短时间内剧烈改变，但改变的潮流应该是不可避免了。仅仅从名门大学毕业就可获得成功，这样的时代可以说已经一去不复返。

虽说如此，但进入大学学习难道就没有意义吗？当然不是这样。学习就业所需的技能，掌握为社会做贡献的技能。从以上两点来看，大学确实在逐渐失去存在的意义。但是大学仍然有意义，因为它的存在还有另外一项重大的意义。

这另外一项重大的意义是什么呢？美国哲学家加里·古廷所倡导的教育论将告诉我们答案。加里·古廷认为大学应该着重进行"通识教育（Liberal Arts Education）"。因为通识教育可以让人们摆脱资本主义的束缚。加里·古廷认为：**通识教育代表着自由，**

它是一种让人们获得自由的教育，让人们摆脱资本主义的束缚。

当今的大学，变得越来越像职业培训学校，只培养学生就业的技能。然而，如果比较职业培训水平，大学必定败给网络教育或网络培训。那么不如索性回归原点，让大学专门致力于通识教育。如此一来，在大学取得的学历，也会具备完全不同的意义。也就是说：学历成为一种证书，证明自己掌握了获得自由的能力。

学历是一种证书，证明自己掌握了获得自由的能力。

上司究竟是什么?

"圆形监狱"是英国哲学家杰里米·边沁(功利主义学派的创始人)设计出的一种监狱。圆形监狱由一个中央塔楼和四周环形的囚室组成,塔楼上的监视者可以看到囚犯的一举一动。由于受到监视,囚犯们需要自发地保持自律。米歇尔·福柯认为从圆形监狱中所看到的自律、训练作用,已经遍及了现代社会的方方面面。这是因为以工业革命为标志的现代社会,将提高生产力放在最优先的位置。

米歇尔·福柯
Michel Foucault
(1926—1984)
法国思想家。
针对权利的本质进行了
研究。

参照3点提示

01　人们为什么讨厌上司？

02　如果没有上司，会怎么样？

03　米歇尔·福柯所说的"圆形监狱"是什么？

思考1分钟

听到"上司"这个词，很多人都怀有不好的印象吧。当然也有好上司，但"上司"这个词更多是作为一种贬义的词语使用。例如"上司的命令不可违抗""指手画脚的上司"。

"上司"正如字面呈现的那样，是一种由上而下管理人的人。

甚至可以说**是一种限制自己的人**。人人都想自由自在地生活，遭到限制自然心生不快。所以上司就变成了一种负面、消极的东西。

那么没有上司岂不万事大吉？但没有上司也会出现新的问题。例如，办公室里偶尔一天没有上司，大家自然会欢呼雀跃。偶尔放松一天不是坏事，甚至有必要。但如果每天都欢呼雀跃不抓紧办公，工作就全耽误了。所以，还是需要有个人做监视。

只要有个上司在那里，就必定能起到一定的监视作用。然而，上司也不应过于严格地监视、过于严格地限制员工。这样会令员工过于紧张，甚至损害员工的身心健康。因此掌握恰当的火候最重要、也最难。

归根结底上司的目的是：让员工们好好地工作。反过来说，只要员工们好好工作，上司其实什么都不用干，只要待在那里就行。机动车超速自动监测系统就是这个道理。只要司机们看到摄像头和测速仪，立刻就会意识到不要超速。只要不超速，摄像头和测速仪其实就与司机毫无关系。

法国的思想家米歇尔·福柯认为：在整个社会的各个角落，都有类似圆形监狱的监视模式。所谓圆形监狱，就是中央有一座塔楼，塔楼的周围是一圈环形的囚室。从囚室中看不到塔楼中的情况，所以囚犯们觉得自己时时受到监视，不得不自发地保持自律。

　　许多人批评这是监视型社会的典型写照。但如果使用得当，这也能成为防止自己偷懒的有效工具。其实也可以用相同的观点看待上司。**监视需要适度，不能令人无法逃脱。而如果自己能将监视当作防止偷懒的装置，反而对自己有利。**如此一来大家对上司的看法，或许发生了一些转变吧。当然，把上司当作防止偷懒的装置，可千万别告诉他本人……

　　上司就是一种方便的装置，可用来防止自己偷懒。

商务礼仪究竟是什么？

英国的思想家托马斯·霍布斯提出了"自然状态"这个概念。自然状态是霍布斯建立近代国家的理论前提。霍布斯认为：构成国家的人们追求快乐，回避痛苦，尽力维持着自己的生命活动。但这样的人们聚集到一起之后，就会陷入弱肉强食的自然状态之中。也就是所有人都为了实现自己的欲望而相互争斗，呈现出一种"万人对抗万人，互相争斗"的状态。为了避免这种状态发生，必须借助拥有强大力量的国家。

托马斯·霍布斯
Thomas Hobbes
（1588—1679）
英国思想家。
因社会契约论而闻名。

参照3点提示

01　职场人士不懂商务礼仪，为何会出丑丢人？

02　我们为什么需要礼仪规范？

03　托马斯·霍布斯所说的 "自然状态"是什么？

思考1分钟

　　在日本从事商务活动，需要遵守各种各样的商务礼仪。例如，会议室中的座位安排，乘坐出租车时上司和部下分别坐在哪里，着装规则及文书的写作方式等。员工在入职之前，会集中学习这些商务礼仪，但仍有不少人未掌握正确的做法。

未掌握商务礼仪的人，会显得格格不入。近些年有些公司鼓励员工穿休闲服装，但在职场如果穿得过于奇特随便，会显得很不正规。此外，如果新员工开会时坐在领导该坐的位置上，也会显得很没礼貌。这些人都会遭到"不知道礼仪"的批评。

其实归根结底，商务礼仪就是在商务场合及职场中的礼仪规范。如果平时生活中不知道礼仪规范，会出丑丢人。同样的道理，在商务场合中不知道商务礼仪，也会出丑丢人。

那么，为何不知道礼仪规范会出丑丢人呢？这是因为不知礼仪的人，破坏了大家的秩序。礼仪规范，是人们一起做某件事情时的规则。如果仅仅只有一个人，那么根本无须注意什么礼仪规范。因为旁边没人看着你，你无论做什么也不会影响到别人。

然而，**一旦和别人一起做某件事情的话，则必须遵守共同的规则。否则多人共同的行动就无法达成。**不懂礼仪规范，就会妨碍到别人。例如，前面提到的乘坐出租车的例子。上司、部下分别坐在哪里，商务礼仪中都有规定，按照规定乘车就会很顺利省时。如果改成随便坐哪里都可以，虽然看上去最简便，实则会发生互相谦让或互相争抢的局面。甚至有可能发生类似"抢椅子游戏"的状况。因此，礼仪规范存在的意义是：让人们能够顺利地一起做事情。

英国的思想家托马斯·霍布斯认为：如果每个人都随心所欲地

行使自己的权利，那么社会就会陷入弱肉强食的"自然状态"。所以，应该把权利托付给拥有强大力量的国家。这便是社会秩序的基础。

我觉得这些道理也适用于商务礼仪。如果没有商务礼仪，不仅会发生前面提到的"抢椅子游戏"，甚至真的会陷入托马斯·霍布斯所说的"自然状态"之中。所以**商务礼仪绝不是单纯的礼仪，而是一种避免弱肉强食局面的规则**。因为上了年纪的社长，在抢椅子游戏中无论如何也不是年轻员工的对手。

所谓商务礼仪，就是一种避免弱肉强食局面的规则。

名片究竟是什么？

和辻哲郎认为：人与人之间的关联"既是个人也是社会"。正因为有众多独立的个人，所以才有人与人之间的关联。而同时，正因为有了人与人之间的关联，个人才能存在。这是一个双重的关系。和辻哲郎关于个人的概念，明显与西方哲学中的不同。和辻哲郎认为，人实际上是生存在与他者的关系之中。所以，和辻哲郎才格外重视人与人之间的关联。以此为基础，和辻哲郎构筑了可称作"日本伦理学"的一个体系。

和辻哲郎
（1889—1960）
日本哲学家、伦理学家。对日本文化的研究有颇深的造诣。

参照3点提示

01 人们为什么要交换名片?

02 日本人对名片的看法与欧美人有什么区别?

03 和辻哲郎所说的"关联"是什么?

思考1分钟

在日本,名片是一种不可或缺的东西。特别是在商务活动中,双方不交换名片,是一种非常失礼的行为。这就相当于不和对方打招呼,而且今后也不想和对方有任何瓜葛。所以如果万一名片用完或是忘带名片,必须十分郑重地向对方致歉。

当然，受到新冠疫情的影响，最近出现了尽量不交换物品的风潮，所以交换纸质名片的次数减少了。但相应地出现了网上交换电子名片的新方法。由此可见虽然方法不同，交换名片的习惯依然在持续。

在日本交换名片理所当然，但每次我去欧美国家都会感受到文化间的差异。欧美人不重视名片，不仅不和我们交换名片，甚至有时还不愿接收我们递出的名片。大概他们讨厌这种形式主义作风吧。

欧美人重视的是尽快与对方培养感情，相互熟络起来。对于你是什么公司的什么职务，欧美人觉得并不重要。也就是说，欧美人重视的是私人间的关系。与此相对，日本人则会先看对方的家系，看对方从哪个大学毕业，最重要的是看对方现在所属的公司。也就是说，日本人最重视的是一个人的职务和所属。

我觉得这如实地反映了欧美国家的个人主义和日本的共同体主义。按照这个思路，或许可以说**名片其实是共同体主义的一个象征**。因为名片清晰显示了一个人隶属于什么样的组织，以及在其中承担什么样的职务。

日本哲学家和辻哲郎曾将日本的人与人之间的关系定义为"关联"一词。我觉得这个词，恰恰是解释名片文化的关键词。所谓关联，就是人与人的关系中存在的个人，同时也代表个人与个人之间的关系。

因此名片显示出：一个人并非单独的个人，而是存在于某种关联之中。而交换名片，正是一种创造新的关联的活动。 也就是将自己所属的共同体进行扩大。因此在日本人看来，交换名片才如此重要。无论交换的是纸质名片还是电子名片。

交换名片，就是一种将自己所属的共同体扩大的行为。

4

哲学方面的疑问

用自己的语言
解构宏大的命题

爱究竟是什么？

当一个人认为自己所爱的人高于自己时，笛卡尔将这种爱定义为"献身的爱"。简单的喜爱和献身的爱是有区别的，这体现在当事者会为了所爱之人舍弃什么。如果是简单的喜爱，当事者会选择自己而舍弃对方。而献身的爱则相反，当事者会选择对方而舍弃自己。正如字面所体现的，这是一种献身的爱，即便牺牲自己的性命也要保全对方。其典型的例子，就是为了国家而死的爱国心。同时献身的爱也可以是针对个人的。

笛卡尔
René Descartes
（1596—1650）
法国哲学家、数学家。
被誉为近代哲学之父。

参照3点提示

01 爱只有一种吗？

02 爱情和其他的爱的区别是什么？

03 笛卡尔所说的"献身的爱"是什么？

思考1分钟

无论何种场合，只要我们提议"开始探讨哲学吧"，最常出现的主题便是"爱"。大家对这个主题充满了好奇，但这又是个神秘难解的主题。说起来很有趣。每个人都爱着别人，或被别人爱，却不知道爱究竟是什么。

不，确切地说每个人都知道爱或被爱的感觉。但却不知道爱的本质究竟是什么。虽然感觉上似乎明白，但无法用确切的语言表达出来，其实这正是因为还不了解其本质。

我觉得人们之所以说不清爱是什么，其中一个原因就是：**爱有许多种类型**。一般认为，爱有3种类型：代表无私之爱的慈爱，朋友之间的友爱，还有就是恋人之间的爱。

因此提到爱，至少包含3种类型的爱，所以有必要明确提到的究竟是哪一种爱。面向孩子的无私的慈爱，与恋人之间的爱并不相同。同样道理，朋友之间的友爱也与上述两种爱不同。

那么我们平时提到爱时，究竟指的是哪一种爱呢？我们常说的爱，应该是恋爱的爱。所以无私之爱也常被称作慈爱、关爱，朋友之间的爱也常被称作友爱、友情。

所以我们时常追求、探讨的爱，确切来讲是恋爱的爱。那么爱的本质究竟是什么？我本人认为：法国哲学家笛卡尔所说的"献身的爱"，很接近爱的本质。

笛卡尔是这么说的："当一个人认为对方低于自己，那么只是对对方怀有喜爱之情。当一个人认为对方与自己同等，那么这可称作友爱。当一个人认为对方高于自己，这种感情可被称作'献身的爱'。"

是的，认为对方高于自己的"献身的爱"，才是恋爱的爱，才是我们称作"爱"的那种东西的本质。**当你真心爱一个人的时候，难道不是愿意把自己的一切都奉献吗？** "献身的爱"确实名副其实地表达出了这种感情。

爱就是认为对方高于自己的"献身的爱"。

自由究竟是什么？

关于自由的定义，自古以来发生了诸多变迁。近代的古典自由主义认为：在不给他人带来困扰的前提下，可以尽量保障人的自由。但现代社会的人们，认为这还不够。所以现代自由主义的拥护者们呼吁，国家应该积极地保障个人的自由。美国哲学家约翰·罗尔斯就是现代自由主义的主要倡导者。他认为：一方面要最大限度地保障人的自由，而由此产生的无法避免的差别，则要以平等为原则进行消除。

约翰·罗尔斯
John Bordley Rawls
（1921—2002）
美国政治哲学家。
现代自由主义的主要倡导者。

参照3点提示

01　自由就是随意干自己想干的事情吗?

02　人类群体中的自由是什么?

03　约翰·罗尔斯口中的现代自由主义是什么?

思考1分钟

　　自从人类共同体出现以来,可以说"自由"一直就是一个热门的哲学主题。也就是说,自从人类诞生以来,自由就是一个长久讨论的课题。因为人类始终一直生活在共同体之中。

　　最小的人类共同体应该是家庭。更大一些的共同体则是社区团体，再大则是国家。那么，为什么有人类共同体的地方，自由就会成为课题呢？其实答案很简单。这是因为每个人类个体都不相同，所以每个人想干的事情也不相同。而能够随意干自己想干的事情，就是一般情况下对自由的定义。

然而，如果在一个共同体中共同生活，就无法随意干自己想干的事情。即便在家庭中，孩子们想干的一些事情也会受到家长的限制。而家中的大人，做事情时也需考虑到其他家庭成员。社区团体之中更是如此。而到了国家的层面，国家甚至会制定某些法律法规，来限制人们的随意行为。

为什么？因为不这样做，就不可能一起生活下去。如果每个人都毫无顾忌地干想干的事情，追求所谓的自由。那么人们的行为就会相互冲突，整个共同体就无法正常地生活。

例如，一家人要在节假日一起出游。此时，如果每个家庭成员都各自提出一个想去的地方，那么全家人就不可能一起游玩了。

那么，只要生活在共同体之中，人就不可能获得自由吗？为了解答这个问题，可将现代自由主义的诸多探讨作为参考。例如美国的政治哲学家约翰·罗尔斯，提出了"差别原则"。他认为在追求自由的过程中，会无法避免地出现一些差别，只有这些差别才应该被消除。

也就是说，**基本上人应该获得自由，但因此会出现一些问题，只有这些问题才应该被消除**。采用这种分成两个阶段处理的方式，人在共同体之中就也可获得自由。

按照这个思路理解，可以说自由是干自己想干的事情，但需要以消除差别为前提。

自由是干自己想干的事情，但需要以消除差别为前提。

幸福究竟是什么？

古希腊哲学家伊壁鸠鲁的思想，一般被称作"享乐主义"。但实际上，这个词语往往招致误解。因为伊壁鸠鲁学派的人们追求的快乐，并不是那种放浪形骸的感官享受。伊壁鸠鲁学派所说的快乐是指：肉体上没有痛苦，灵魂上没有污浊。特别是"灵魂上没有污浊"，代表着一个人的心灵保持着平静的状态。这种心神安宁的状态，才是伊壁鸠鲁学派的人们所追求的理想的状态。

伊壁鸠鲁
Epicurus
（公元前341—前270）
古希腊哲学家。
伊壁鸠鲁学派的创始人。

参照3点提示

01　必须有钱才算幸福吗？

02　人在什么样的时候才会感到幸福？

03　伊壁鸠鲁所提倡的幸福是什么？

思考1分钟

"什么是幸福？"这是个最单纯的问题，同时也是一个最更难解答的问题。因为我们所有人都是用身心感受幸福，没人思考幸福究竟是什么。每个人都是觉得自己幸福，或者觉得自己不幸福，没人硬要研究幸福是什么。很多人都想获得幸福。但人们追求的幸福一般都是：想和某人结婚，想成为有钱人等具体的愿望。人们认为实现这些愿望便会幸福。然而，这和研究幸福究竟是什么并不相同。

人们一般认为，**幸福就是能够实现自己的愿望。**果真如此吗？假设一个人想赚很多钱，然后他事业顺利，金钱源源不断涌进他的腰包。最后钱多得连他自己也觉得惊奇，钱多到已经不知道该怎么花了。

那么此时这个人会怎么想呢？或许他会这样想："奇怪，我当初为什么想要钱？"把同样的情况换成食物，估计大家就能明白了。我也是个非常喜爱美食的人，经常想尽情享用美食。但每次我吃饱、吃撑之后，就会觉得厌烦，对食物没兴趣了。

或许有人会反驳：金钱属于特殊情况，有多少也不厌烦。然而，从不为钱发愁的国王们，他们追求的是什么呢？他们追求的是刺激。所以国王们才会发动战争，其初衷并非为了获得更多的金钱。

亚历山大大帝征服了古希腊的各个城邦之后，希腊人对于什么是幸福开始变得迷茫。于是在此后的希腊化时代，出现了2个哲学学派。一个是伊壁鸠鲁学派，他们认为享乐才是幸福。另一个是斯多葛学派，他们认为禁欲才是幸福。

然而有趣的是，这两个学派追求的**最终目标都是心灵的平静。**追求享乐的伊壁鸠鲁学派，最终的目标居然也是心灵的平静！虽然方法和过程不同，但享乐主义者、禁欲主义者追求的幸福的实质内容都是相同的。也就是说，幸福不一定就是实现自身的愿望，"获得心灵的平静"才是真正的幸福。而想获得心灵的平静，也不一定必须实现自己的愿望。例如，通过日本流传的"禅"的修行，让心灵成为"无"的状态，也可获得心灵的平静。

按照这个思路，可见获得幸福并非什么困难的事情。"没钱就没幸福"，这种想法显然不正确。最重要的是：使用各种方法，让自己的心灵保持平静的状态。请您也寻找出自己的方法，让心灵保持平静吧。

幸福不是追求某种东西，而是保持心灵平静。

正义究竟是什么？

美国哲学家约翰·罗尔斯所说的正义，是一种公平的正义，最重视在分配过程中如何做到公平。然而，即使想确保公平地进行分配，人们在分配过程中总是想自己多拿一些。所以罗尔斯提倡：可以有意地屏蔽分配者自身的信息，从而达到更公平的分配。然后在此基础上，一方面保持自由的原则，一方面最大限度地让社会中的困难阶层受益。通过这种正义原则，对整个社会的平衡进行调整。

约翰·罗尔斯
John Bordley Rawls
（1921—2002）
美国政治哲学家。
现代自由主义的主要倡导者。

参照3点提示

01　谁是正义的使者？

02　从一开始，"正确"就已被确定好了吗？

03　约翰·罗尔斯倡导的"公平"是什么？

思考1分钟

什么是正义？正如正义需要"正义的使者"来贯彻，人们普遍认为正义就是始终做正确的事情。如此一来，什么是"正确"便成为问题的关键。从一开始，"正确"就已被确定好了吗？

例如，各类惩恶扬善的故事，从超人战队到"水户黄门"①，向来都是从一开始就已分好正义一方和邪恶一方。如果是超人战队，那么超人或英雄就是正义一方，怪兽就是邪恶一方。然而从怪兽的视角看，会如何呢？那些所谓的超人、英雄，在怪兽眼中其实全是阻碍自己做"正事"的坏蛋。其实这正是正义的难点所在。战争也是同样，往往交战的双方国家都打着正义的旗号。

实际上，**我们往往倾向于认为与自己关系较深的国家是正确的**。例如，当美国与中东国家交战时，日本总是从一开始就认定美国是正义的一方。问题就出在这里。

那么客观地将双方进行比较，这样可行吗？大概我们只能看出哪一方做得更过分，并认为过分的一方不好。但实际上，这种视角非常重要。即便是超人或英雄，如果追着已经投降的怪兽不断殴打，超人或英雄也会看起来像恶人。因此，可以说正义就是掌握好平衡。古希腊哲学家亚里士多德将这称作"矫正正义"。也就是要根据罪犯的罪行大小，来施加相应的处罚，这才是正义。此外，亚里士多德还提出了"分配的正义"。就是根据一个人的能力、功绩，来分配给他财物。可以说这些都涉及如何掌握好平衡。

---

① 水户黄门：是指日本江户时代的水户藩主德川光圀（1628—1701）。此外德川光圀的各种微服私访惩恶扬善的故事，也被称作水户黄门或水户黄门漫游记。

　　因此，**从社会制度的视角来看，可以说正义就是公平。**美国的政治哲学家约翰·罗尔斯就曾提倡公平的正义。约翰·罗尔斯认为：像共产主义那样追求结果的平等，反而会有损公平感。因为一个人即便努力奋斗，最终获得的结果却和他人一样，那么人们就会失去奋斗的动力。

　　因此罗尔斯非常重视每个人机会的平等。在此基础上，尽量让社会上最困难的阶层获得一定的利益。罗尔斯认为这才是社会层面上的正义。

　　通过上述的内容可以看出，正义并不是简单贯彻早已制定好的正确事情。而且一味地贯彻反而不好。应该**更加柔软地随机应变，根据具体情况思考如何做才能掌握好平衡，时常停住脚步思考什么才是最佳的平衡状态。这才是真正的正义。**

　　所谓正义，就是时常思考是否处于好的平衡状态。

希望究竟是什么？

日本的哲学家三木清认为，人类是一种生活在虚无中的生物。然而，虽然生活在虚无中，人类却能够以某种方式找到希望。三木清用"形成力"这个词来进行描述。也就是说，虽然人类会不断地放弃，但人类可以在生活中形成希望。另外三木清还认为：人活着就是人仍然怀有希望。三木清本人就曾遭受战争的迫害，可谓是一直挣扎在虚无之中。所以，他才会将活下去与怀有希望等同起来吧。

三木清
（1897—1945）
日本哲学家。
对构想力展开了深入研究。

参照3点提示

01 人们究竟追求的是什么？

02 希望的含义是什么？

03 三木清所说的希望是什么？

思考1分钟

大家在什么情况下会心怀希望呢？有人回答：在绝望的时候。确实如此。正因为陷入绝望，所以才想拥有希望。一般来讲，人们认为：希望是绝望的反义词，希望就是追求某种东西。

绝望就是彻底没有了盼头，已经无法追求任何东西了。所以，与绝望相反的状态，就是仍然可以期盼某种东西的状态。而人们往往是处于绝望状态的时候，才最常提到希望。

每当发生战争、大地震等灾害之后，人们就时常把希望挂在嘴边。当前人们被新冠疫情折磨得痛苦不堪，或许现在人们也常提到希望吧。当然，不只限于这些世界范围的大问题，当某个人陷入绝望境地时，他也会更多地提到希望。

但是，希望真的就是追求某种东西吗？拿个人的问题来举例子，大家或许会更好理解。提到希望，往往会出现"我希望考取的第一志愿学校""我所希望的职业"等语句，带有从许多事物中选择一种的意思。

日本的哲学家三木清认为：为了获得真正的希望，需要放弃一些东西。我觉得他的这种观点，与我们日常生活中的感觉非常相符。例如，当一个人提到"我希望考取的第一志愿学校"时，也就代表着放弃了第二志愿和以下的其他志愿。如果非常希望得到一样东西，那么就必须舍弃其他的东西。我觉得这也是希望的本质。

战争及自然灾害过后，人们心怀希望的时候，看起来似乎没有可做选择的选项。但如果不以某样东西作为目标，人就无法继续前进。实际上，三木清本人也是在第二次世界大战期间被关进监狱、陷于绝望的境地，他正是在绝望之中说出"人活着就是人仍然怀有希望"。

　　所以，我们无论处于怎样残酷的环境，无论选项多么有限，我们仍然可以选择某样东西作为目标。而希望，就是不放弃这种选择。

　　换言之就是：**只要有生命就还有希望。**即便身处绝境之中，仍然有希望。想要熄灭希望之光，除非一个人放弃生命选择死亡。为了获得真正的希望，需要放弃一些东西。我也非常赞同三木清的这个观点。但我想补充一句："除了放弃生命之外"。因为只有放弃生命这一件事，与希望这个词相矛盾。

　　为了获得真正的希望，需要放弃一些东西，但生命除外。

孤独究竟是什么？

德国哲学家亚瑟·叔本华故意过着一种孤独的生活。他说这么做是为了获得自由。因为，当我们与别人在一起的时候，我们就无法获得完全的自由。所以，叔本华才特意选择孤独。而且叔本华认为：如果一个人不热爱孤独的时间，那么这个人就不热爱自由。更进一步，也可以说这个人就不爱自己。叔本华还指出：一个人越是看重自己，这个人就会用越多的时间进行独处。

亚瑟·叔本华
Arthur Schopenhauer
（1788—1860）
德国哲学家。
是唯意志论的主要代表
之一。

参照3点提示

01 都有哪些原因，造成人们孤独？

02 一个人独处，有什么好处？

03 叔本华为什么热爱孤独？

思考1分钟

什么是孤独？

当今这个时代，孤独格外受到重视。孤独死、独居老人等社会问题，越来越受到人们关注。最重要的是，现在的新冠疫情让人们独处的时间显著增加。当然，还有各种各样造成孤独的原因。

特别是少子高龄化、晚婚晚育，以及家庭观念的变化，造成越来越多的人孤独生活。还有就是人的寿命越来越长，使得失去配偶的老年人增多，也成为增加孤独的一大原因。此外，科技的进步令一个人独自生活不再那么困难，也助长了孤独时间的增加。而新冠疫情的暴发，更是令孤独的局面雪上加霜。

所以，很多人必须面对独自生活的状况。可以说我们迎来了一个孤独的时代。然而，这种状况真的只有消极的一面吗？**一提到孤独，人们往往将它和寂寞联系在一起。但每个人都有想一个人静一静的时候。**

有时，一个人独处反而过得更加充实，也有人觉得孤独独处似乎很酷。如此看来孤独也有好的一面，或许此前我们对孤独怀有某些误解。

实际上，为数不少的哲学家，都对孤独抱有肯定的态度。例如，日本的哲学家三木清就说过：当一个人的意识集中于艺术表现活动的时候，他就感受不到孤独。因为这个时候不希望别人打扰自己。或者反过来说，如果不处于孤独的状态，就无法专注地进行艺术表现。

另外，德国近代的哲学家亚瑟·叔本华，则更积极地宣扬孤独的意义。叔本华甚至说：一个人依靠孤独才能变得自由。确实，当我们与别人在一起的时候，就必须顾及别人的感受，自己的自由确实受到了一些限制。

综上所述，**不要把孤独独处当作寂寞的时间。如果把孤独看作一个人独享自由的时间，那么孤独独处的时间就会瞬间变得宝贵。**也就是说，孤独除了负面的因素外，还包含正面的因素。

按照这个思路，我们可以尽量将目光投向孤独的正面因素。那么疫情期间那些不可避免的独处时间，也会变得更加有趣、有意义。因为孤独并非只有负面因素，孤独独处的时光也很珍贵，它可以让我们的人生更加丰富充实。

孤独独处的时间很珍贵，我们在其中可以获得真正的自由。

人生究竟是什么？

马丁·海德格尔将"人"这个概念，称作"此在（Dasein）"。与此相对，海德格尔将只是吃饭睡觉、浑浑噩噩度日的人称作"常人（Das Man）"。如果一个人按照"常人（Das Man）"的方式生活，那么这个人就可以被替换成任意一个其他的人。所以海德格尔认为："常人（Das Man）"的生活方式并非人的本性，应该按照"此在（Dasein）"那种本性的方式进行生活。因为"此在（Dasein）"知道人终有一死，所以会更加努力地生活。

马丁·海德格尔
Martin Heidegger
（1889—1976）
德国哲学家。
探究存在的意义。

参照3点提示

01　每个人都可以探讨人生的意义吗？

02　拥有人生，是理所当然的事情吗？

03　马丁·海德格尔所说的"此在（Dasein）"是什么？

思考1分钟

　　如果一个人领悟了人生是什么，那么可算是一个领悟了世间万象的人吧。因为关于人生的课题，可算是哲学里"最终Boss级"的课题。这么看来，想回答这个问题，必须具备丰富的人生经验和特殊的智慧才能。其实并非如此。

因为每个人，都是正在经历人生的当事人。这与年龄、经验无关。每个人经历的人生都不相同，所以每个人都有自己的答案。人生是什么？这个问题，反而应该让世间大众都来思考。

日常生活中，我们并不会意识到人生这个课题。 从早上起床到晚上睡觉，几乎没人会刻意地思考人生。或许因为人们觉得人生是与生俱来的，是一种理所当然的事情。例如，当有人提议拿球做游戏的时候，几乎没有人会思考"为什么偏偏选择球？"。绝大多数人都不在意这个，而是想着具体用球玩什么游戏。

然而，会有极少数的一些人，思考"为什么偏偏选择球？"，这些人适合做哲学家。他们会突然停下来，质疑那些看似理所当然的事情。人生就是这样。人生看似是一种理所当然的事情，但实际上绝非如此。

如果人生是理所当然的东西，那么为什么有些人会突然死去？为什么有些人的人生会突然被剥夺？如果能够被剥夺，就定然称不上是理所当然的东西。恰恰相反，人生是非常宝贵的东西。人生是可以被剥夺的，所以需要格外珍惜。

德国哲学家马丁·海德格尔认为：有些人浑浑噩噩地度日，这些人的人生是非本性的，应该遭到批评。海德格尔将浑浑噩噩度日的人称作"常人（Das Man）"，是一种庸俗的生活方式。与此相对，人类本性的生活方式是"此在（Dasein）"的生活方式。他们知道人终有一死，所以生活得更加努力。

也就是说，**人生有可能被突然剥夺，所以生活中要格外珍惜宝贵的人生。**综上所述，可见人生绝不是理所当然的事情。人生反而是一种宝贵的机会，我们应该为人生付出最大的努力，最大限度地让它散发光芒。

遗憾的是，人们往往在人生即将被剥夺时才注意到这一点。例如，身患绝症、得知自己来日无多的病人。因此，我们应该时常思考一下人生的意义。

人生，就是我们努力的对象，应该尽全力让它绽放光彩。

民主主义究竟是什么？

德国哲学家马库斯·加布里埃尔认为，民主主义的意义是"反对派的群体"。因为在民主主义之中，必定会出现观点的对立。多数派和少数派的观点发生分歧，这种情况应该是经常发生，并且可以被预见的。最重要的是，必须倾听反对派的声音，这种态度非常重要。如果不这样，就有可能招致整个社会陷入全体主义。加布里埃尔指出，破坏民主主义的不是别人，恰恰是轻视复数性的我们自身。

马库斯·加布里埃尔
Markus Gabriel
（1980—　）
德国哲学家。
新实在论的倡导者。

参照3点提示

01 什么是民众的力量?

02 多数表决的意义是什么?

03 加布里埃尔所说的"反对派的群体"是什么?

思考1分钟

大概没有哪个国家像日本这样对民主主义充满了误解吧。"民主主义"一词,源于英语"democracy(民主主义、民主制度)"一词的翻译。democracy一词,则由古希腊语中的"民众"和"力量"这两个词组合而成。也就是说,民主主义是一种重视民众的力量的政治思想。

民主主义被制度化，在日本人们似乎认为：民主主义就是一种通过多数表决来处理事务的制度。然而必须注意，民主主义本身并不是这个意思。日本这个国家自古以来就存在天皇制，后来代替天皇行使权利的幕府及政府又掌握着实权。所以，日本人很难理解民众拥有力量这一概念。

其实仔细一想，日本获得民主主义的时间其实还不满100年。即便是日本获得民主主义之后，天皇制及保守政党的一党统治仍持续了很长时间，人们无法切身感受到民主主义。或许受因为这个原因，日本这个国家才没有爆发过革命。

因此在日本，**人们才会认为民主主义似乎就是一种仪式**。包括选举时的投票活动、决议时的多数表决，等等。然而，本来的民主主义，其关键点应该是民众发挥力量管理国家。这里提到的力量，并非武力，而是交谈协商的力量。

人类具有交谈协商的力量，发挥这种力量的正是民主主义。因为如果不这样的话，嗓门大的人、力量强的人就会成为支配者。那么，这就和动物的世界没有区别，成为一种弱肉强食的世界。但人类社会不应该这样。

德国哲学家马库斯·加布里埃尔认为，民主主义就是"反对派的群体"。也就是说，人类社会中总会有复数的观点，总会有不同的观点。必须允许不同的观点存在，通过交谈协商的方式寻找众人认同的方案。这才是民主主义的本质。

如果一个群体中没有反对派，那么就成了全体主义，就不会有交谈协商。所以民主主义的意义就在于交谈协商。其实多数表决，只不过是一种权宜之计而已。因为时间有限，不可能一直讨论下去。现在常说民主主义被弱化了，**但如果不培养交谈协商的能力，民主主义就不会变得活跃。**所以，请大家千万不要只把投票这种仪式，误认为是民主主义的全部。

民主主义，是对话协商的能力，为了让不同的观点得到允许。

大人究竟是什么？

德国哲学家黑格尔认为，家庭是一种爱的共同体。也就是说，家庭是共同体的一种形态，它会朝着市民社会、国家发展。但家庭与其他共同体的区别是，家庭中贯穿着爱。当然，这里所说的爱，是父母对孩子的爱。通过这种爱，将孩子培养成市民社会中合格的一员，这也是家庭的目标和责任。当子女独立后，会导致原先的家庭解体，子女也会与市民社会产生联系，进而与国家产生联系。

格奥尔格·威廉·弗里德里希·黑格尔
Georg Wilhelm Friedrich Hegel
（1770—1831）
德国哲学家。
德国唯心主义哲学的代表人物。

参照3点提示

01 人什么时候会成为大人？

02 为何18岁的公民就有了选举权？

03 黑格尔所说的市民社会的成员是指什么？

思考1分钟

　　日本的法律规定20岁以上是成人，但这里的"成人"是否等同于"大人"？这还需要讨论。当我们看到一些年轻人在20岁的成人仪式①上胡闹时，就会格外怀疑成人是否等同于大人。为大人下个

———————————

① 成人仪式：在日本，每年一月的第二周的星期一会举行成人仪式。这一天日本全国放假，各地都为年满20周岁的年轻人举行祝贺仪式。

准确定义，确实很难。这就是为什么社会公认的成人年龄，会随着时代变迁而一直变化。例如，日本古代的时候，大概16岁就会进行成人仪式"元服"，仪式之后就会被当作大人看待。动物则要简单许多，只要身体器官发育成熟，就可被当作"大人"。但人类是社会性的动物，所以随着社会变迁，大人的定义也不得不随之变化。

按照这个思路，当今的时代变化如此激烈迅速，可以说大人的定义甚至每年都会变化。**当社会变得复杂时，能应对社会变化的年龄也在变，这是正常的现象。**特别是日本这样少子高龄化的状况越来越严重的国家，将来势必会让更年轻的人承担大人的责任。

而最显著的例子，就是日本的选举权。年轻人的数量相对较少，那么投票结果、甚至国家政治就会变得对高龄者有利。也就会出现所谓的"银发民主主义"问题。于是日本实施了18岁选举权的制度。

德国哲学家黑格尔所说的市民社会的成员，就是那些将来要承担国家责任的人才。而这些人才在家庭中还是孩子的时候，就已经开始接受相应的教育了。也就是说，人活着就是为了有一天成为大人。

由此可见，**大人看重的不是年龄有多少岁，身体发育到何种程度。是否具备承担社会责任的能力，才是判断一个人是否是大人的**

关键。

而所谓的承担社会责任，是指妥善地预计将来会发生的事情，找出正确的方向，当遇到某些问题时可以担负起责任。如果反过来思考，就更明显了。那些责任是不能交给小孩子承担的，否则就太残酷苛刻了。

而且，上述的这些责任格外重要。即便是小孩子，也需要对自己所做的事情承担一部分责任。**而大人的使命则是：连别人的责任也要一并承担起来。**所以，需要十足的准备才能成为大人。这也是为什么大家不愿意成为大人的原因吧。

所谓大人，就是连别人的责任也一并承担的人。

哲学究竟是什么？

古希腊哲学家苏格拉底，将热爱并追求知识的行为称作哲学。苏格拉底认为：为了不断地热爱、追求知识，必须积极正面地接受自身的无知。这种态度便是苏格拉底提出的"无知之知"。因此，苏格拉底从不高高在上地传授别人知识，而是帮助、引导人们自己思考并寻找出真理。哲学也正是基于这种极其谦虚的态度之上。谦虚地提出质疑，通过深刻的思考，寻找到新的答案。这才是哲学的整个过程。

苏格拉底
Socrates
（公元前470—前399）
古希腊哲学家。
被誉为哲学之父。

参照3点提示

01 "哲学"与"人生哲学"并不相同吗？

02 哲学与普通的思考，存在什么区别？

03 苏格拉底向哲学倾注了哪些意义？

思考1分钟

什么是哲学？对我来说，这是个过于宏大的问题。所以首先，我们来看看人们一般性的解答吧。人们通常认为，哲学就是探究事物的本质。确实如此。揭露事物的本质，可以说是从古希腊到现代的哲学的使命。因此也会有不少人产生误解，觉得哲学和考古一样就是寻找、研究古代的东西。似乎古代的哲学家们写的文章里就有标准答案。那么，我们不妨对上述的各种观点进行质疑，看看究竟会得出什么结论。

首先我们就会发现，哲学变得不再是揭露事物本质的活动了。例如，有些人会说"这是我的人生哲学"。显然，此处的"人生哲学"并非探究事物的本质，而是一种人生经验，是自己最重视的某个原则或事物。

另外，平时人们常说"哲学式的"这个词语，实际上表达的也不是事物的本质，而是形容某个事物晦涩难懂、高深莫测。所以"哲学式的"，更像是"难懂"或"搞不明白"的同义词。

但哲学代表着思考，这一点肯定没错。所以我们有必要探究一下：哲学和普通的思考究竟有什么区别。**一般认为：普通的思考就是有条理地推论事物，最终形成某个结论。**换句话说，就是对信息进行处理。

与此相对，**哲学则并非单纯的处理信息。**因为哲学除了有条理地推论之外，还会在此基础上进行直觉性的思考，或者基于经验创造出独特的视角。而且更进一步，哲学还会将各种不同次元的视角审视的结果，进行重新构筑，最后再用语言表达出来。这些便是哲学的特征。

被称作哲学之父的古希腊哲学家苏格拉底，他将哲学称作"热爱知识"。也就是说，并非单纯地聆听或接受知识，而是不断地热爱、追求知识。这种态度才是哲学。

综上所述，哲学首先需要质疑，然后运用各种各样的视角进行重新审视，再把审视的结果重新构筑，最后用语言表达出来。这才是哲学。由此可见，哲学并非发掘已存在的事物本质，也并非单纯的处理信息。哲学是一种创造性的活动。

哲学是通过精细、彻底的思考，用崭新的语言描述世界。换言之，哲学是一种创造性的思考活动，它超越了普通的处理信息的思考，超越了常识框架的限制。

哲学是一种创造性的思考活动，它超越了常识框架的限制。

后 记

1分钟的思考改变世界

一口气针对这么多的主题进行了思考，和写作这本书之前比起来，现在我的世界似乎变得与以前大不相同了。在每个主题中，我都特意用不同的视角审视日常常见的主题，改变一般常识对该主题的看法。

因此，我看待世界的方式也变了，现在的世界似乎变得更加丰富多彩。当然，实际上整个世界并未发生丝毫变化，只是由于我看待世界的方式变了，所以对我来说世界变得丰富多彩。

换言之，就是日常生活明显变得更有趣味。比起生活在淡然无味的世界中，当然是丰富多彩、意味深远的世界更能带给我们乐趣。所以，也请大家试着像我一样改变世界观吧。

但说来说去，这似乎只是获得自我满足而已。实际上绝非如此。如果一个人看待世界的方式改变了，那么他对待世界的态度和方式也会改变。

例如，本书写道"所谓社交媒体，就是公开面对评判"。如果您用这种方式看待社交媒体，那么对于社交媒体上一些不当的发言，您或许就会坚决果敢地发表自己的看法。虽然只是微小的一句话，或许就能成为改良社会的契机。又例如，本书写道"为了获得真正的希望，需要放弃一些东西，但生命除外"。您对希望有了上述认识后，面对艰难的抉择时，就会变得更有自信和勇气。

如上所述，仅仅1分钟的思考，就可以改变世界。这句话并非夸大其词，因为已经读过本书的您最明白其中的奥妙。希望更多的人也能来尝试。

写于新冠疫情时代进入第二年的头一天

哲学家　小川仁志